郑军 ◎ 主编

进化论进化着

JINHUALUN JINHUAZHE

艾星雨 ◎ 编著

山西出版传媒集团　山西教育出版社

图书在版编目（ＣＩＰ）数据

进化论进化着 ／ 艾星雨编著. —太原：山西教育出版社，
2015.6（2022.6重印）
（科学充电站/郑军主编）
ISBN 978-7-5440-7549-7

Ⅰ．①进… Ⅱ．①艾… Ⅲ．①进化论-青少年读物
Ⅳ．①Q111-49

中国版本图书馆 CIP 数据核字（2014）第 309884 号

进化论进化着

责任编辑	韩德平
复　审	冉红平
终　审	孙旭秋
装帧设计	陈　晓
印装监制	蔡　洁

出版发行 山西出版传媒集团·山西教育出版社
　　　　　（太原市水西门街馒头巷 7 号　电话：0351-4729801　邮编：030002）

印　装	北京一鑫印务有限责任公司
开　本	890×1240　1/32
印　张	6.5
字　数	178 千字
版　次	2015 年 6 月第 1 版　2022 年 6 月第 3 次印刷
印　数	5 501—8 500 册
书　号	ISBN 978-7-5440-7549-7
定　价	39.00 元

如发现印装质量问题，影响阅读，请与印刷厂联系调换。电话：010-61424266

卷首语

　　进化论是人类历史上第二次重大科学突破，第一次是日心说取代地心说，否定了人类位于宇宙中心的自大情结；第二次就是进化论，把人类拉到了与普通生物同等的层面，所有的地球生物都与人类有了或远或近的亲缘关系，彻底打破了人类自高自大、一神之下、众生之上的愚昧式自尊。

　　同所有伟大的理论一样，进化论也不是凭空出现的。本书第一章"达尔文与进化论"，就讲述了进化论的先驱——达尔文发现进化论的过程以及进化论的历史意义。

　　然而受历史的局限，达尔文的进化论并不完备，在它诞生之后，科学界一直在对它进行修正。不过，与一百多年前相比，现代综合进化论已经能够解释更多的现象。本书第二章"进化论的进化史"讲述了达尔文之后，进化论的演变和发展。

　　反进化论者总是说进化论是建立在推理和猜测的基础之上，本书第三章"生命简史与进化例证"，就从宏观和微观两个方面，遴选了生物进化的吉光片羽作为佐证。

　　达尔文进化论之所以引发了那么多的争议，是因为它把人还原成了动物，使人也必须尊崇进化论的规律，这伤了很多人的自尊。那么，进化论真的适用于人吗？本书第四章"人的进化"从多个角度讨论了这个问题。

　　在科学界内部，没有进化论是否成立的争论和质疑，进化的事实早已确凿无疑地证明了进化论的成立，只在具体的进化形式和原因方面争议不断。然而，在科学界之外，歪曲否定进化论的大有人在，进化论被描述为非科学的、蛮横的、可笑的、无证据的或者是捏造的。这又是怎么回事呢？他们说得有道理吗？本书第五章"谁在反对进化论？"对此有些粗浅的介绍。

达尔文提出进化论之后，世界已经不一样了。许多有识之士主动将进化论运用于其他领域，比如经济学、心理学、文学、人工智能、制造业、医学等，并取得了卓越的成就。然而，也有一些是对进化论的滥用，比如社会达尔文主义和种族主义。本书第六章"进化论的应用与拓展"主要讲述了这方面的内容。

目录.

一

达尔文与进化论

二

进化论的进化史

三

生命简史与进化例证

四

人的进化

五

谁在反对进化论？　　　　　　146

一 达尔文与进化论

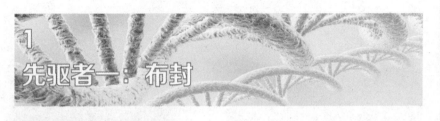

1 先驱者一：布封

△ 布封

布封（1707—1788），法国博物学家、作家。生于蒙巴尔城的贵族家庭，从小受教会教育，爱好自然科学。十几岁时，布封在父亲的意愿下学习法律。26岁入法国科学院，后担任皇家花园（植物园）园长，被法兰西学院接受为院士。

布封一生撰写了44卷博物学巨著《自然史》（前36卷于布封在世时完成，后8卷由他的学生于1804年整理出版）。这是一部说明地球与生物起源的通俗性作品，内容包括地球、鸟类、矿物、卵生动物等知识，是除了无脊椎动物以外的植物界和动物界的完整自然史。也许是出身贵族的缘故，布封藐视"低级"的无脊椎动物，不愿降低自己的身份来研究这些动物。但这部巨著无疑展示了布封广泛的兴趣、深入的钻研和优美的文笔，体现了他的一种人生态度。

在《自然史》中，布封描绘了宇宙、太阳系、地球的演化过程。他认为地球是由炽热的气体凝聚而成的，地球的诞生比《圣经》创世纪所说的公元前4004年要早得多，年龄起码有10万年以上。生物是在地球的发展过程中形成的，并随着环境的变化而变异。布封甚至大胆地提出，人应当把自己列为动物的一属。他在著作中写道："如果只注意面孔的话，猿是人类最低级的形式，因为除了灵魂外，它具有人类所有的一切器官。""如果《圣经》没有明白宣示的话，我们可能要去为人和猿找一个共同的祖先。"

现在认为，布封是现代进化论的先驱者之一。他研究过许多植物和动物，也观察了一些化石，注意到不同地质时期的生物有所不同。他接受了牛顿关于作用于地球上的力学规律也适用于其他星球的论点。他认为大自然应包括生物在内；自然界是一个整体，各部分相互联系、相互制约。他还指出物种分类学家林奈只注意到物种之间的细微差异，而没有把生物看做自然秩序的一部分。

他认为物种是可变的。生物变异的原因在于环境的变化；环境变了，生物会发生相应的变异，而且这些变异会遗传给后代（获得性遗传）。他相信构造简单的生物是自然发生的，并认为精子和卵巢里的相应部分是组成生物体的基本成分，他不赞成"先成论"而支持"渐成论"。

引导他形成进化观点的主要是两类事实：一是化石材料，古代生物和现代生物有明显区别；二是退化的器官，如猪的侧趾虽已失去了功能，但内部的骨骼仍是完整的。因此，他认为有些物种是退化出来的。

尽管布封用的是假设的语气，并用造物主和神灵来掩盖自己的进化论，但还是遭到了教会的围攻。在压力下，布封不得不违心地宣布："我没有任何反对《圣经》的意图，我放弃所有我的著作中关于地球形成的说法，放弃与摩西的故事相抵触的说法。"

2 先驱者二：拉马克

△ 拉马克

让·巴蒂斯特·拉马克（1744—1829）幼时就读于教会学校。1761年至1768年他在军队服役，在此期间对植物学产生了兴趣。1778年，拉马克出版了3卷《法国植物志》。这部植物学专著受到布封的极度赞赏。在布封的推举下，拉马克于1783年被任命为科学院院士，为《系统百科全书》撰写植物学部分，并担任皇家植物标本室主任。1820年，拉马克双目失明，以后的著作都是由他口述，并经他的女儿记录、整理出版的。在动物分类方面，他第一个将动物分为脊椎动物和无脊椎动物两大类（1794年），首先提出"无脊椎动物"一词，由此建立了无脊椎动物学，弥补了布封的空白。他也是现代博物馆标本采集原理的创始人之一。他的代表作是《无脊椎动物系统》和《动物学哲学》，在后一本巨著中，拉马克提出了系统的进化学说。

拉马克的进化学说包括两大关键性要素。

第一，拉马克认为，生物经常使用的器官会逐渐发达，不使用的器官会逐渐退化，是为"用进废退"。

第二，拉马克认为，用进废退这种后天获得的性状是可以遗传的，是为"获得性遗传"。

拉马克用长颈鹿与众不同的长脖子来说明这两点：长颈鹿的祖先原本是短颈的，但是为了要吃到高树上的叶子经常伸长脖子和前腿，逐渐通过遗传而进化为现在的长颈鹿。

但是，拉马克的理论是不正确的。德国科学家魏斯曼曾经做过一个实验：将雌、雄老鼠的尾巴都切断后，再让其互相交配来产生子代，而生出来的子代也依旧都是有尾巴的。再将这些老鼠的尾巴切掉，互相交配产生下一代，而下一代的老鼠也仍然是有尾巴的。他一直这样重复进行至第二十一代，其子代仍然是有尾巴的，就此推翻了拉马克的理论。

拉马克的进化论是一个相对具有迷惑力的理论，一度非常流行，甚至对达尔文的进化论也形成了不小的威胁。就算是到了现在，拉马克主义仍没有彻底退出历史舞台。这是因为，在拉马克的理论中，动物的"意志"是进化的主要动力，很多人愿意相信这一点，这样人的"意志"，特别是"善良的意志"就会引导人类走向更美好的明天，甚至是天堂。

拉马克的进化论从总体上说是错误的。然而，拉马克对于达尔文进化论的最终问世功勋卓著。首先，拉马克明确提出"用进废退"，这说明物种是可以变化的，推翻了神创论长久以来坚持的物种不变理论。其次，"用进废退"的理论认为生物会对所处的环境做出反应，并且随着环境的改变，生物的习性也会随之改变。

达尔文认为拉马克是"第一个在物种起源的研究上取得了一定成就的人，这一成就对于后人的研究有巨大的推动作用"。

△ 长颈鹿

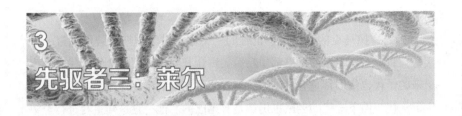

3 先驱者三：莱尔

△ 莱尔

查尔斯·莱尔（1797—1875）在牛津大学法学系就读时选修了地质学课程，并参加了地质小组活动，受到了地质学基础知识的训练，从而奠定了他地质学研究的基础。毕业后，莱尔放弃了律师工作，并热衷于地质学研究。在掌握了大量第一手地质资料的基础上，莱尔汲取各家之长，应用现实主义原则特别是"将今论古"的方法，提出了"渐进论"并为地层学奠定了基础，在世界地质学界享有崇高的声誉。

　　莱尔的代表作是1830年出版的《地质学原理》。在这本著作中他认为地球的过去，只能通过现今的地质作用来认识，现在是了解过去的钥匙。这就是"将今论古"的方法。因为今天的地球发生的变化是缓慢的，因此，古代地球的变化也会是缓慢的。他的这种观点被称为"均变论"。莱尔还认为，地球表面发生的各种变化都是自然力作用的结果，不管是现在还是过去，都是如此。这种观点彻底否定了神创论的地质观点。

　　《地质学原理》对当时和以后的地质学发展都有很大的影响。当时地质学界有两种地质演化学说在争论不休：一种是"均变论"，认为地球表面的所有特征都是由难以觉察的、作用时间较长的自然过程形成的；一种是"灾变论"，认为在地球历史上发生过多次巨大的灾变事件，每经过一次灾变，原有生物被毁灭，新的生物被创造出来。《地质学原理》结束了这种争吵，使"均变论"的观点统治地质学长达一百年多年，直到20世纪60年代，研究恐龙灭绝的原因时，科学家们才认识到，地质史上其实既有长期的渐变，也有突然爆发的灾变。

△ 《地质学原理》中文版

然而，《地质学原理》会影响到达尔文进化论的提出是连莱尔也没有想到的。"贝格尔"号远航之前，达尔文幸运地从他的导师史蒂文斯·亨斯洛教授那里得到了《地质学原理》的第一卷。在一边阅读一边考察的过程中，达尔文深刻地认识到莱尔的地球缓慢发展理论同他观察到的动植物变化的事实是完全一致的。因此，他不仅接受了莱尔的理论，而且把渐变的理论运用到了研究生物的进化中。

达尔文曾多次谈到莱尔对他的影响："如果没有莱尔的《地质学原理》，《物种起源》绝不会有出版之日。"

结束远航考察以后，达尔文很快和莱尔成为好朋友。后来，达尔文和华莱士在进化论发现的优先权问题上，莱尔充当了调解人。

原本莱尔的生物进化观点比较保守，当达尔文的进化论确立以后，莱尔对自己的《地质学原理》进行了修改。他在书中说："我相信，能够在现在生物界里看到的继续变化着的自然体系是说明过去生物的创造和变化的重要钥匙。"

4 先驱者四：马尔萨斯

△ 马尔萨斯

△《人口论》中文版

托马斯·罗伯特·马尔萨斯（1766—1834）出身于一个富有的家庭，年幼时在家接受教育，直到1784年被剑桥大学耶稣学院录取。在那里他学习了许多课程，并且在辩论、拉丁文和希腊文课程中获奖。他的主修科目是数学。1791年马尔萨斯获得了硕士学位，并且在两年后当选为耶稣学院院士。1798年，马尔萨斯针对18世纪末英国工业革命所造成的大批工人失业、贫困、饥饿等突出社会问题，以匿名的方式发表了自己的论著——《人口论》。

《人口论》一书从两个假设出发：（1）人的性本能几乎无法限制；（2）食物为人类生存所必须，推导出如下结论：人的生活资料按算术级数率增加，而人口是按几何级数增长的，因此生活资料的增加赶不上人口的增长是自然的、永恒的规律，只有通过饥饿、繁重的劳动、限制结婚以及战争等手段来消灭社会"下层"，才能削弱这个规律的作用。

这个观点，尤其是后面减少人口的办法，在当时就引发了极多的批评。马尔萨斯把一切社会问题和灾难的原因都归结为人口过剩，因此必须对人口的增长进行限制。他认为，积极限制是残酷的，鼓励人们采用道德限制，以避免恶习或贫困的发生。马尔萨斯人口论是近代人口学诞生的标志，但该理论存在的问题也很多，特别是作为精确的人口增长与食物增长的比例关系缺乏充足的事实依据，也没有认识到社会与科技进步给人们的生育观念及食物供应水平所带来的巨大影响。

马尔萨斯理论对进化论创始人查尔斯·罗伯特·达尔文和阿尔弗雷德·拉塞尔·华莱士都产生了关键的影响。达尔文在他的《物种起源》一书中讲到，他的理论是马尔萨斯理论在没有人类智力干预的一个领域里的应用。达尔文终生都是马尔萨斯的崇拜者，称他为"伟大的哲学家"。华莱士则称马尔萨斯的著作是"我所阅读过的最重要的书"，并把他和达尔文通过学习马尔萨斯理论，各自独立地发展出进化论，称作"最有趣的巧合"。

进化论学者们普遍认可马尔萨斯无意中对进化论做出了许多贡献，他对于人口问题的思考是进化理论的基础。特别是马尔萨斯强化了对"有限增长"条件下"生存挣扎"的观察。由于马尔萨斯理论，达尔文认识到了生存竞争不仅发生在物种之间，而且也在同一物种内部进行。

联合国教科文组织的发起人、进化论学者和人道主义者朱利安·赫胥黎在1964年出版的著作《进化论的人道主义》中描述了"拥挤的世界"，呼吁制定"世界人口政策"。联合国人口基金会等国际组织关于地球能容纳多少人的辩论也源于马尔萨斯的人口理论。此外，在1972年罗马俱乐部发表的报告《增长的极限》和《环球2000》借用的也是马尔萨斯的人口理论。科幻作家艾萨克·阿西莫夫发表的许多有关人口控制的文章，很多观点来自于马尔萨斯。可见，马尔萨斯的人口理论在当时乃至对以后的社会发展都产生了十分重要的影响。

5
达尔文的求学生涯

△ 达尔文

1809年2月12日，查尔斯·罗伯特·达尔文出身于英国什罗普郡什鲁斯伯里一个富裕的乡村家庭。在6个小孩中他排行第五，父亲罗伯特·达尔文是一位医生，母亲苏珊娜·达尔文则是一名金融家。他的祖父伊拉斯谟斯·达尔文是一位诗人、医生，也是早期提出类似进化观念的学者之一。外祖父约书亚·威治伍德则是一位英国陶艺家，威治伍德陶瓷的创办者。

1817年，达尔文进入了一所由牧师带领的日间学校学习。同年，他的母亲不幸去世，当时的达尔文只有8岁。1825年，达尔文进入了爱丁堡大学学习医学，但他对外科手术没有丝毫兴趣，因而忽略了他的医学专业，而从约翰·爱德蒙斯顿那里学到了动物标本的制作技术，而且这位被解放的黑人也讲述了许多关于南美热带雨林的传说。在后来的《人类起源》一书中，达尔文引用了这段经验，解释欧洲人与黑人之间虽然外表差异很大，实际上却非常亲近。

大学第二年，达尔文加入了布里尼学会，这是一个专注于博物学的学生团体，并成为罗伯特·爱德

△ 爱丁堡大学

蒙·葛兰特教授研究团队的一员，在佛斯湾潮间带研究海生动物的生命周期。1827年3月，达尔文在布里尼学会发表了"牡蛎壳中所常见的黑色物体是一种水蛭的卵"一文。在爱丁堡大学学习期间，达尔文还兼修了罗伯特·詹姆森的课程，学习了地层地质学以及植物的分类，还协助了爱丁堡大学博物馆的大规模收集工作。

后来他的父亲因为不满儿子在学业上没有进展，将达尔文送入剑桥大学基督学院改学神学，并希望他将来成为一位拥有不错收入的圣公会牧师。然而，达尔文却喜爱骑术与打猎胜过读书，而且非常喜欢与他的表亲威廉·达尔文·福克斯比赛收集甲虫。1828年的一天，达尔文在伦敦郊外的一片树林里，发现两只奇特的甲虫，马上左右开弓，抓在手里，兴奋地观察起来。正在这时，树皮里又跳出一只从没有见过的甲虫。他迅速把手里的甲虫藏到嘴里，伸手又把第三只甲虫抓住。哪知道，嘴里的那只甲虫憋得受不了啦，便放出一股辛辣的毒汁，把他的舌头蜇得又麻

△ 达尔文甲虫

又痛。后来，人们为了纪念他首先发现的这种甲虫，就把它命名为"达尔文甲虫"。

后来，福克斯介绍达尔文认识了约翰·史帝文斯·亨斯洛，后者是一位植物学教授，也是研究甲虫的专家。不久之后达尔文成为了亨斯洛的徒弟，并被导师称为"走在亨斯洛身旁的人"。

毫无疑问，这些早期学习和研究使达尔文拥有了科研的能力与广阔的视野。1831年2月，达尔文从剑桥大学基督学院毕业。同年3月，亨斯洛推荐达尔文以"博物学家"的身份跟随英国海军"贝格尔"号的船长罗伯特·费兹罗伊参加为期5年的科学考察。达尔文的父亲原本反对这个旅程，认为这只是浪费时间。不过后来却被他妻子的弟弟约书亚·威治伍德二世所说服，最终同意儿子参加这次航程。于是，22岁的达尔文开始了后来闻名于世的"贝格尔号之旅"。

6 "贝格尔"号之旅（上）

"贝格尔"号（H.M.S. Beagle，又译为"小猎犬"号），是一艘属于英国皇家海军的双桅横帆船，长27米，装有10门大炮，于1820年5月11日下水启航。舰长是海军上校罗伯特·费兹罗伊，贵族出身，后来还当过纽西兰总督，是一位虔诚的基督教徒。他想用科学的方法证明《圣经》中开天辟地的传说，因此希望有博物学家参与此次环球航海。

△ "贝格尔"号

对费兹罗伊而言，这是第二次航海旅行。他的第一次航海旅行是在1826—1830年，深入南美洲大陆南端巴塔哥尼亚高原和火地岛进行测量工作。完成第一次测量任务中未完成的部分，是贝格尔号再度出航的目的之一。

1831年12月27日，"贝格尔"号从英国西南部朴茨茅斯的军港——得文港出航，1832年7月26日到达乌拉圭的孟都。此后两年，以孟都为基地，"贝格尔"号往返于南美洲各地进行考察。这期间达尔文数次离船，前往阿根廷等地采集标本。

达尔文在由布兰加湾往布宜诺斯艾利斯的旅途中，发现许多巨兽的化石，其中有4件是距今约3000万年的树懒科动物化石，与现在仍然生活在南美的树懒十分相似，是一种贫齿目的四足兽。从化石看，这种动物的骨质外壳与现代动物犰狳的背甲相似。此外，还有已经绝迹的马、厚

△ 安第斯山脉

皮兽的牙齿、箭齿兽等的化石。如此多巨型动物化石的发现让达尔文很难理解曾经是巨兽出没的草原，现在却只剩下了相比之下如同侏儒般的小型动物。造成如此大变化的原因究竟是什么？

1834年5月底，"贝格尔"号进入麦哲伦海峡进行调查，6月10日驶入太平洋。"贝格尔"号顺着南美洲西岸北上，7月23日到达智利的法耳巴拉索，8月达尔文探查了安第斯山脉，在山顶上他意外地发现了贝壳化石。当他站在安第斯山的最高峰俯瞰山脚时，突然发现山脉的两边，植物的种类并不相同，而且即使是同一种类，样子也相差很远。达尔文心中充满了疑惑。

为了探查智利海岸，"贝格尔"号于1834年11月10日从法耳巴拉索起航南下，1835年2月到达智利的巴第瓦，登陆不久即遇到大地震。当时达尔文正在巴第瓦的森林中躺着休息，突然地震发生并持续了约2分钟，虽然他还能勉强站立，但只觉得天旋地转。两周以后，"贝格尔"号来到了灾难的中心。在智利重镇康塞普西翁，他看到过去繁华的街道成为了一片废墟，整个城市像座无人居住的死城，到处都是碎石。地震使海岸崩塌，岛屿面积减少，在沿海地区尚留有地面隆起数米的痕迹。这次地震极大地震撼了达尔文，同时地震引发的地质变化也让他明白了为什么在高海拔的安第斯山脉也能看到贝类化石。

7
"贝格尔"号之旅（下）

　　完成智利和秘鲁之行后，"贝格尔"号于1835年7月19日抵达秘鲁首都利马的港口卡亚俄，由此前往太平洋上的加拉帕戈斯群岛，9月17日踏上群岛中的圣克立托巴岛。

　　"加拉帕戈斯"是西班牙语"大龟"的意思，确实名副其实。达尔文一行遇见了重100千克以上的巨龟，还看到长1米以上的鬣蜥科动物。由于此群岛远离大陆，许多生物与其他地方的大不相同，如类似鹈鹕的军舰鸟、雀科鸟类和爬虫类等。不仅是鸟类和爬虫类，其他鱼贝类、昆虫和花木也都不一样。达尔文所采集的15种鱼类，还有大部分陆栖贝类都是新物种。

　　进一步观察发现，每一个岛屿上的生物都不一样。加拉帕戈斯群岛有13种雀科鸟类，基本上都很相似，但喙的长短、弯曲程度等特征却有些许差异。达尔文认为这大概是各岛有不同的植物、毛虫和昆虫所造成的结果。各亚种都各自适应各个独特岛屿的自然环境，由"种"产生"亚种"，以及由一"种"产生其他"种"的演化是否是自然淘汰的结果，这个问题盘旋于达尔文的脑海之中。

　　1835年10月20日，"贝格尔"号离开了加拉帕戈斯群岛，11月15日到达塔西提岛，12月21日驶入新西兰北岛的群岛湾。1836年1月12日抵达澳洲悉尼的杰克逊港。

　　他们见到了澳洲特有的鸭嘴兽，这是一种具有野鸭般的长喙、卵生的哺乳类动物。在此次旅行中，达尔文经常听到有关欧洲移民与原住居民减少的话题。他认为或许原住居民是因为罹患欧洲人带来的热病、赤痢而死亡，而携带病源的欧洲人对该疾病则已经具有了免疫力。

　　"贝格尔"号横渡太平洋以后一直在南半球活动。1836年2月达尔文一行访问了澳洲大陆南部的塔斯马尼亚，3月到达了西南岸的乔治王湾，4月初又到达了距离印尼苏门答腊大约1000千米的科科斯群岛，5月初又停靠在印度洋上的毛里斯岛。在"贝格尔"号航行于太平洋和印度洋之时，产量丰盛、形态各异的珊瑚礁吸引了达尔文的注意，归国后他将这个时候所做的观察，整理成世界上第一篇关于珊瑚礁成因的论文。

1836年8月1日，"贝格尔"号到达南美洲巴伊亚港，这是"贝格尔"号在1832年2～3月间，访问南美洲大陆时第一个停泊的地方。同年10月，达尔文回到英国，结束了近5年的航海旅行。这次航行对达尔文而言，甚至对全人类而言，都是值得纪念的壮举。

在为期五年的勘探活动中，达尔文将三分之二的时间花在了陆地上。他仔细地记录了大量地理现象、化石和生物体，并系统地收集了许多标本，它们中的许多是新发现的物种。而他在航海之旅中所写的游记，后来经整理以《贝格尔号之旅》之名出版。但最为重要的是，这次航行为进化论思想的产生，打下了坚实的基础。

① 中喙地雀
② 莺雀
③ 大地雀
④ 小地雀

△ 加拉帕戈斯群岛上的地雀

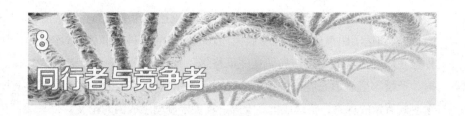

8

同行者与竞争者

毫无疑问，"贝格尔"号的环球航行对达尔文的思想是一次全面的洗礼。但1836年达尔文回到英国之后，并没有马上编著后世闻名的《物种起源》。回顾历史，在那之后他还做了很多事情：

△ 中年达尔文

他和表姐爱玛·韦奇伍德结了婚，还生育了十个儿女（其中三个因病夭折，三个子女久婚不育）。因为爱玛家非常富有，嫁妆非常丰厚，达尔文的父亲又一次性支付给他数量可观的安家费，所以年近三十的他就这样过上了衣食无忧的贵族生活。

之后，他被著名地质学家赖尔亲自引进伦敦地质学学会，两人成为忘年交。著名植物学家胡克也成为他的好朋友。在伦敦科学家圈子里，他已经成了炙手可热的人物。许多人都相信他必将大有作为。

然而，他的身体却越来越差，经常出现心悸、心疼等症状，后来还长时间呕吐、头痛、胃痛、全身无力，以至于他害怕参加各种聚会，因为担心会死在路上。

1842年，达尔文在伦敦郊外买了一座乡间别墅，隐居起来。但他的研究工作并没有停止。他先后出版了《大溪地与新西兰等地区的道德状况报告》《珊瑚礁的结构与分布》《火山群岛的地质观察》《南美地质观察》《蔓足亚纲》《茗荷科化石》《藤壶科与花笼科》等著作。

达尔文在做上述研究的时候，并没有忘记他在环球航行中的所思所感。在他看来生物的进化已是不争的事实，令他困惑的是生物为什么进化和如何进化。根据达尔文的笔记，自1837年起，他开始记下关于这一问题的零散的思考过程。在这一过程中，他不但种植植物、饲养动物进行直接观察和研究，而且不断地与各地的科学家通信，进行广泛的交流和沟通。

与达尔文通信的人中有个英国学者叫阿尔弗雷德·拉塞尔·华莱士。他比达尔文小14岁，家庭贫穷，几乎是自学成才，21岁就成了大学教师，但对于科学的研究却从来没有放弃过。25岁时他自费到南美考察，花了四年时间，得到了大批标本和第一手资料，谁知道却在回国途中被付之一炬。但华莱士没有被困难打倒，这一次他把目标瞄准了东南亚的马来群岛。1854年到1862年的八年间，他一直在马来群岛考察。八年间总计行程两万多千米，收集了十万多件动植物标本。

1858年，华莱士遭到疟疾的侵袭，不得不卧床休息。就在养病期间，华莱士看到了马尔萨斯的人口理论，结合自己的考察成果，他最终想到了物种进化的动力，那就是自然选择！狂喜之下，华莱士只用了三天时间就写出了一篇名为《论变种无限离开原始型的倾向》的论文。在论文中，华莱士明确提出了自然选择的观点，指出健全的物种可以生存，而薄弱的物种肯定会归于死亡。写完之后，华莱士迫切地需要找一个同行进行讨论，他首先想到的就是达尔文。因此，他把这篇论文寄给达尔文，并要

▲ 华莱士

求达尔文看后交给赖尔。但谁都没有想到，这封信的出现让达尔文陷入了两难的境地。

9
达尔文的烦恼

　　1858年6月的一天，49岁的达尔文收到了从马来群岛寄来的华莱士的信。看完之后，达尔文陷入了前所未有的烦恼之中。因为，华莱士论文中的观点正是他这二十多年里一直在构想的。他不愿意把这个理论轻易拿出来，因为这个理论还有很多东西需要补充和完善。他的计划是，先把前期的铺垫工作充分做好，再将这个理论公之于众。然而，现在华莱士提出了类似的观点后，达尔文面临着两难的选择：作为绅士，他必须推荐华莱士的论文；但作为思考这个理论二十多年的科学家，他又必须考虑自己。

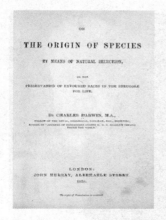

△ 第一版《物种起源》封面

　　——怎么办？

　　达尔文怀着矛盾的心情给赖尔写信求助，不久胡克也知道了这件事。赖尔和胡克利用自己在英国科学界的特殊影响力，为达尔文安排了一个折中的方案。他们要求达尔文立即整理出一个简洁的文章纲要出来，然后和华莱士的论文一道提交给林奈学会，于1858年7月1日在学会的刊物上同期发表。

　　1859年1月，华莱士给达尔文回信，表示非常赞同赖尔和胡克的安排，并说，能和达尔文同时想到自然选择理论是一件非常荣幸的事。

　　有意思的是，这两篇同时发表的意义非凡的文章却并没有引起什么反响，大概是学术性的杂志读者偏少的缘故吧。

　　论文发表之后，达尔文不敢再有丝毫怠慢，在近一年半的时间里迅速完成了二十年来都没有完成的作品，全名为《物种起源：生命进化过程中自然选择或优势种生存的必然结果》，简称《物种起源》。该书于1859年11月正式出版，第一版1250册当天就销售一空，此后的十二年间再版六次，并成为影响世界文明进程的一部重要作品。

当时，《物种起源》一书一经出版就有人指责达尔文对华莱士不公，并涉嫌抄袭。而华莱士本人倒非常大度，他先承认自己那篇论文如果没有达尔文的影响将很难发表，即使发表，事实证明，也不会有什么影响。而对进化论的完善和传播，达尔文的《物种起源》起到了不可磨灭的作用。所以，华莱士坚决把优先权让给了达尔文。他写信给达尔文说："我将永远坚持进化论是您个人的成就。"后来华莱士出版自己的论文集时，书名就叫《达尔文主义》，这一名词沿用到了现在，成为自然选择进化理论的代名词。

那么，华莱士到底亏不亏呢？

后世学者研究指出，华莱士的论文中提出的理论要点与达尔文是有所区别的。在华莱士看来，自然选择有一个严格的标杆，标杆以下的，被自然淘汰，标杆以上的，就无需紧张了。根据这种机制，只要标杆不变，那么物种就不需要变化。只有环境变化了，物种才会随之发生变化并遗传下去。这一观点算不上严格和正确的自然选择。

△ 《马来群岛》中文版

事实上，科学史上同步发明和发现的事例比比皆是。比如，牛顿与莱布尼茨关于谁是微积分的第一发明人的争论，持续了一百多年。不过，像华莱士这样大度和谦让的人在科学史上还真是少见。

后来，华莱士参与了进化论的多次辩论。1869年，他出版的考察传记《马来群岛》也成为畅销书，至今仍具有超凡的学术价值。

10
物种起源

1859年11月24日，《物种起源》正式出版。初版只有400多页，达尔文曾遗憾地表示这只是他构想中的内容的一个梗概。但这并不妨碍它成为影响人类文明进程的巨著，因为一部作品的意义不是靠页码的多少来决定的，靠的是内容。后来，达尔文又对其进行了六次较大的删改，使其更为完善。

△ 《物种起源》中文版

《物种起源》全书分为十五章，前有引言和绪论。前十四章又可以分成三部分，分别是一至五章，六至十章和十一至十四章。第一部分的内容是全书的主体及核心，标志着自然选择学说的建立。第二部分中，作者设想站在反对者的立场上给进化学说提出了一系列质疑，再一一解释，使之化解。在第三部分，达尔文用他的以自然选择为核心的进化论思想对生物界在地质演变、地理变迁、胚胎发育、形态分化中的各种现象进行了合理的解释，从而使这一理论获得了进一步的支撑。第十五章则是全书的综述和结论。

《物种起源》的出版，奠定了进化论的理论基础。它的逻辑链条如下：

首先，达尔文明确了生物是变异的，并加以了充分的证明。这个观点来自达尔文环球考察，与当时基督教宣扬的物种不变理论相悖。

其次，变异的方式是一点一点地、逐渐地、悄悄地变化。达尔文非常反对跳跃式的突变。他的这个渐变的观点来自赖尔的《地质学原理》的均变论。

再次，达尔文相信物种都有强大的繁殖能力，其繁殖数量之庞大，大大超过了自然的承受力。所以后代必须被大量淘汰，这是竞争存在的根本原因。这个观点来自马尔萨斯的人口过剩理论。

接下来，龙生九子，各不相同。不同的变种对环境有不同的适应能力。适应下来的才能成功地生存下去，并把优势遗传给下一代，否则就是可怜的被淘汰者，这就是"适者生存"。

最后，有资格做出这种生死裁决的只有大自然，是大自然无处不在的巨大力量，无时无刻对所有个体进行着严格的筛选，这就是"自然选择"。

以上这几条无一不是后来辩论与争论的焦点，即使是进化论学者内部，也不断有新的不同意见。正是这些争论，使进化论得以不断进化。事实上，达尔文本人关于进化的观点与后世进化论学者们一再修订后形成的"现代进化论"的观点有很大的出入，但"生物进化"和"自然选择"这两个基本内核没有动摇过。

《物种起源》的出版，标志着人对生物界以及人类在生物界中地位的看法发生了深刻的变化。它第一次把生物学建立在完全科学的基础上，以全新的生物进化思想推翻了"神创论"和"物种不变论"，沉重地打击了神权统治的根基。

11
晚年的达尔文

《物种起源》的出版，在欧洲乃至整个世界都引起了轰动。它沉重地打击了神权统治的根基，从反动教会到封建御用文人都狂怒了。他们群起攻之，诬蔑达尔文的学说"亵渎圣灵"，触犯"君权神授天理"，有失人类尊严，将各种脏水泼到达尔文身上。

对辩论极端厌恶的达尔文，以沉默应对所有责难，没有参与任何一次辩论，专心一意地过着自己的研究生活。他的健康情形虽然不佳，但耐性很强，生活很有规律。由于疾病，晚年的达尔文每天只工作一至二小时，但仍完成了不少研究。

1868年发表的《动物和植物在家养下的变异》是达尔文继《物种起源》之后的第二部巨著。这部书以不可争辩的事实和严谨的科学论断，进一步阐述他的进化论观点，提出物种的变异和遗传、生物的生存斗争和自然选择的重要论点。达尔文明确提出了生存竞争，但反对过分强调这个问题。因为他也看到了生物之间有相互依存现象。生物之间的关系并不只有简单的你死我活的斗争，而是呈现出一种既有竞争又有合作的复杂局面。

1871年发表的《人类的由来及性选择》是达尔文的另一部著作。这本书报告了人类是自较低的生命形式进化而来的证据，动物和人类心理过程相似性的证据以及进化过程中自然选择的证

△ 猩猩的表情与人类极其相似

据。这一伟大著作为生物进化理论奠定了基础，同时对社会科学的发展也产生了重大影响。达尔文坚定地相信自然选择的力量，他认为"自然选择每时每刻都在检验着地球上的每一个生物，不放过任何一点最微小的变异，人类也不例外"。

1872年，达尔文又出版了《人类和动物情感的表达》一书。在本书中他通过人和高等动物及少数低等脊椎动物的声音、面容、手势及身体各部分姿势的类比来阐明它们之间的共性，进而证明动物也是有感情的，还证明了由于动物没有语言，所以形体表情极为重要。在书中他通过类人猿的表情与人类的相似性而再次论证了人类由类人猿进化而来的理论。

1880年，71岁的达尔文出版了《植物的运动力》一书，总结了植物向光性的实验。次年又出版了关于蚯蚓的著作。

达尔文极为珍惜时间，他说："完成工作的方法是爱惜每一分钟……我从来不认为半小时是微不足道的很小的一段时间。"他也非常热爱科学研究，一生中主要的乐趣和唯一的事业就是他的科学著作。

1882年4月19日，这位伟大的科学家因病逝世，享年73岁。人们把他的遗体安葬在英国王室专用的威斯敏斯特教堂墓地，就在牛顿墓的旁边，以表达对这位科学家的敬仰。

△ 威斯敏斯特教堂墓地一角

12
达尔文进化论的局限

达尔文的进化理论，从生物与环境相互作用的观点出发，认为生物的变异、遗传和自然选择作用能导致生物适应性的改变。进化理论由于有充分的科学事实作根据，所以经受住了时间的考验，百余年来在学术界产生了深远的影响。但是，受时代的限制，达尔文的进化理论还存在着若干明显的弱点：

第一，他的自然选择原理是建立在当时流行的"融合遗传"假说之上的。按照融合遗传的概念，父、母亲体的遗传物质可以像血液那样发生融合；这样任何新产生的变异经过若干世代的融合就会消失，变异又怎能积累、自然选择又怎能发挥作用呢？当然，这个不能怪达尔文，因为虽然与达尔文同时代的孟德尔已经提出了遗传定律，但并没有得到广泛的认同，达尔文并不知道。

△ 1873年进化论宣传画

第二，受赖尔"均变论"的影响，达尔文过分强调了生物进化的渐变性。他深信"自然界无跳跃"，用"中间类型绝灭"和"化石记录不全"来解释古生物资料所显示的跳跃性进化。他的这种观点正越来越受到间断平衡论者和新灾变论者的猛烈批评。现在，进化论学者认为，生物进化既有长期的缓慢的渐变，也有短期的快速的突变。

第三，达尔文不恰当地把过度繁殖所引起的生存斗争当作生物进化的主要动力。达尔文认为没有生存斗争，生物就不可能实现性状分离并最终出现新种，显然这也是不恰当的。其实，没有过度繁殖，物种也会变异，旧物种也会灭绝，被新物种所取代。现代科学告诉我们，变异的原因是多种多样的。例如，有不少学者发现，寒地动物的生活，其最大的威胁并不是同种间的利害冲突，而是严酷的寒冷环境。大量事实说明，变异与遗传的交互作用才能决定生物进化的全过程。

第四，达尔文认为自然选择仅作用于个体。后来研究证明，个体的死亡对于种群的影响并不大，自然选择不是通过个体发挥作用的。现在，研究者们对此争议很大，有学者认为自然选择作用于种群，也有学者认为自然选择作用于基因。

第五，达尔文把智力因素排除在生物进化的原因之外。拒绝讨论智力在生物进化中的作用，这也是达尔文在撰写《物种起源》时自始至终的态度。但现在，人类已经非常清楚，智力恰恰是生命进化中最重要、最核心、最活跃的要素。

不过，即便有种种局限，达尔文依然是伟大的，他的理论体系依然是科学的。我们对于他的理论的态度，既不能是誓死捍卫，将他说过的每一句话都当成不可否定的真理，也不能仅仅因为否定了达尔文的某些观点，就全面推翻进化论。

达尔文进化论作为一种理论，仍随着新证据的出现不断接受着检验，并且在这一理论中尚存在未得到证据支持的空白。达尔文主义并不是终极的进化理论，而是进化着的进化论。

△ 讽刺进化论的漫画

二 进化论的进化史

1

雄孔雀为什么有长尾巴?（上）

△ 雄孔雀美丽的尾羽

我们一想起孔雀，首先想到的是它那又长又大的美丽尾羽，其实这是雄孔雀的特征。但是，长一个鲜艳的大尾巴既妨碍了孔雀的活动，使它容易被天敌发现和捕捉到，又要浪费很多能量。根据达尔文提出的自然选择学说，这种对生存不利的特征应该被淘汰掉才对。

但是，为什么雄孔雀以及许多种类的雄鸟，都会进化出这些不利于生存的第二性征呢?

为了回答这个矛盾问题，达尔文又提出了性选择学说。他认为，虽然雄孔雀的大尾巴对生存不利，但是由于雌孔雀喜欢挑选长着美丽尾巴的雄孔雀作为配偶，这种繁殖优势弥补了大尾巴的生存劣势。一代又一代选择的结果，导致雄孔雀都具有令人叹为观止的硕大的美丽尾巴。达尔文把这种现象称为"雌性选择"。

从雄孔雀的尾巴出发，达尔文进一步认为，同一性别的生物个体（主要是雄性）之间为争取同异性交配的权利而发生竞争，得到交配的个体就能繁殖后代，使有利于竞争的性状逐渐巩固和发展。

△ 麋鹿的长角

事实上，雌、雄性个体不仅在生殖器官结构上有所区别，而且常常在行为、大小以及许多形态特征上也有差异。如雄翠鸟的鸣啭、雄鹿的叉角和雄狮的鬃毛，甚至男人的胡须等许多次生性征都是性选择的产物。性选择是由于在竞争配偶中生殖成效区别所引起的。在两性间对于后代的投入的差别越大，为接近高投入性别者（一般是雌性），低投入性别者（一般是雄性）之间的竞争也就越激烈；高投入性别者也变得更加挑剔，必然可从低投入性别者那里获得更好的"出价"。简言之，雄性应该是有进攻性的，雌性应该是有挑剔性的。

但是，华莱士表示不认同达尔文的这个解释。他认为，雄性如果仅仅通过华而不实的宣传来欺骗雌性，未必能够真正经受自然选择的严酷考验。华莱士认为雌雄性状的不同是生活力丰富程度的一种表现，这一说法后来被以色列生物学家扎哈维归纳为"不利条件原理"（又译为"累赘原理"）而闻名于世。大意是动物和人类不是在做出最冒险、最过分的行为之余侥幸能兴旺，而正是因为有这类行为而兴旺。这些行为如同我们做广告的方式，借此告诉别人我们有多么能干、多么健康、多么大胆。

直到上世纪80年代，在达尔文提出这个假说一百多年以后，才有生物学家通过实验对此做了验证。他们把一些雄鸟的尾羽剪短，再把剪下来的部分粘到另一些雄鸟的尾羽上，人为加长后者的尾巴。结果发现，尾羽的长度对雄鸟的求偶起着决定性的作用。从而达尔文的假说被证实了。

2
雄孔雀为什么有长尾巴？（下）

　　但是，达尔文留下了一个问题没有回答：为什么雌性会这么"变态"，偏偏去选择这些对雄性而言毫无益处的性征呢？

△ 雄狮的鬃毛也是一种炫耀

　　首先试图回答这个问题的是继达尔文之后最重要的进化生物学家之———英国人费歇。他认为雄性的第二性征在萌芽阶段对雄性的生存其实是有益的，例如，稍微长一点儿的尾羽可能有助于在风中稳定地飞翔。一开始，有些雌鸟碰巧喜欢长尾巴的雄鸟（当然还有些雌鸟喜欢短尾巴的，或者对尾巴的长短不感兴趣），这样它们的后代就同时有长尾巴和喜欢长尾巴这两种基因。由于这时候的长尾巴有生存优势，在自然选择的作用下，长尾巴的基因在群体中保留、传播开来，喜欢长尾巴的基因也跟着沾光保留并传播开来。最后，所有的雌鸟都具有了喜欢长尾巴的基因，它们全都选择长尾巴雄鸟为配偶。它们对长尾巴的喜欢只是"单纯"的喜欢，越长越好，并不考虑长尾巴雄性的生存劣势。因此，雄性的尾巴被越选越长，进而失控。

　　另一位英国生物学家汉密尔顿认为，长尾巴并非失控的结果，而是雄鸟在向雌鸟炫耀自己有好的基因——你看，我身体多么健康，这么笨重的尾巴我都负担得起！我身上没有寄生虫（如果有寄生虫，羽毛就会黯淡无光甚至脱落），放心，我不会把寄生虫传给你和我们的儿女。而且，我天生对寄生虫特别有抵抗力，我们的儿女也会像我一样！

人们通过对燕子的研究发现，尾巴长的雄鸟身上寄生虫确实比较少，它们的后代也比较不容易感染寄生虫，表明尾巴长的雄鸟确实对寄生虫有可以遗传的抵抗力。而且雌鸟对雄鸟尾巴的偏好，不仅是越长越好，而且是越对称越好。对称性是基因良好的表现，如果有遗传缺陷，就会影响发育，从而破坏对称性。"越对称越好"符合好基因假说，但是并未否定失控假说。

对失控假说的否定来自于一个意外的发现：雄燕的尾巴越长，反而越对称。为什么这很意外呢？因为一般来说，某个器官（比如说燕子的翅膀）越偏离正常值，就会越不对称。尾巴越长反而越对称，这不是失控假说所预测的。在失控假说看来，雌燕只是单纯地选择雄燕的尾巴长度，因此尾巴越选越长，也应该像其他器官那样越来越不对称。这种尾巴长度和对称性的相关性正是好基因假说所预测的。它表明，这些长尾巴的雄燕同时拥有异常优良的基因，因此在尾巴很长的情况下，仍然能够保持对称性。

孔雀和燕子一样，雄性的尾巴越长，也越对称，表明是好基因在起作用。但是，别的物种，比如雉鸡，作为雄性第二性征的鲜艳羽毛越大，越不对称，这又符合失控假说。现在看来这两种假说都正确，只不过适用于不同的范围：如果一种雄鸟拥有许多种不同的装饰品，比如羽毛的颜色、大小等等，那可能是失控的产物；而如果它只有一样吸引雌鸟的法宝，比如长长的尾巴，那是在炫耀它的好基因。

△ 雉鸡的尾巴也很漂亮

3
利他行为的研究

经常见到一些新闻：海豚会救人、狗对主人忠心耿耿、蚂蚁和蜜蜂比人类更团结……于是就有人在感动之余问道，如果自然选择是正确的，到处都充满了竞争，那么生物应该是极端自私才能更好地生存，可是在大千世界中为什么会存在那么多的利他行为呢？

研究表明，从整个生物圈的个体表现来看，利他行为大致可分为三种：

一是"亲缘利他"，即有血缘关系的生物个体为自己的亲属提供帮助或做出牺牲，例如父母与子女、兄弟与姐妹之间的相互帮助。一般情况下，这种以血缘和亲情为纽带的利他行为不含有功利的目的。

但生物学的研究也已证明，"亲缘利他"对生物个体来说并非没有回报。根据"亲缘选择"理论，生物的进化取决于"基因遗传频率的最大化"，能够提供"亲缘利他"的物种在生存竞争中具有明显的进化优势。因此，"亲缘利他"不仅在人类社会，而且在整个生物世界都是一种非常稳定、非常普遍的行为模式。例如，当幼鸟遭受攻击时，许多亲鸟都会挺身而出，用伪装受伤的方法把猛禽引向自己，使子女得以逃脱。所以，无论在人类社会或生物世界，"亲缘利他"在父母与子女关系上表现得尤为动人和充分。而随着亲缘关系的疏远，"亲缘利他"的强度也会逐步衰减。生物学家甚至设

△ 吸血蝙蝠也会互相帮助

计出所谓的"亲缘指数",并根据它来计算"亲缘利他"行为的得失和强弱。

二是"互惠利他",即没有血缘关系的生物个体为了回报而相互提供帮助。生物个体之所以不惜降低自己的生存竞争力帮助另一个与自己毫无血缘关系的个体,是因为它们期待日后得到回报,以获取更大的收益。从这个意义上说,"互惠利他"类似某种期权式的投资。例如,一种生活在非洲的蝙蝠,以吸食其他动物的血液为生,如果连续两昼夜吸不到血就会饿死;一只刚刚饱餐一顿的蝙蝠往往会把自己吸食的血液吐出一些来反哺那些濒临死亡的同伴,尽管它们之间没有任何亲缘关系。生物学家发现,这种行为遵循着一个严格的"游戏规则",即蝙蝠不会继续向那些知恩不报的个体馈赠血液。这是一种非常典型的"互惠利他"。

△ 汤姆逊瞪羚

三是"纯粹利他",即利他主义者不追求任何针对其个体的客观回报。例如,汤姆逊瞪羚的利他主义行为:当狮子或猎豹接近时,往往会有一只瞪羚在原地不停地跳跃向同伴们发出警告。生物学家观察到,这是一种非常特殊的行为方式,它只发生在最早发现危险的汤姆逊瞪羚身上。按照一般的行为原则,最早发现危险应该最早逃跑才是最佳生存策略。但汤姆逊瞪羚的"英雄主义"却放弃了第一时间逃生的机会,并以此为代价向同伴报警,使自己暴露在捕食者面前。这一行为看上去颇似前述的亲鸟保护幼鸟的行为,但它们的内涵却有明显的差别。

4
线粒体从哪里来?

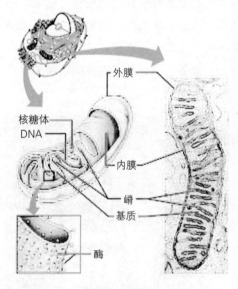

外膜

核糖体
DNA

内膜

嵴

基质

酶

△ 线粒体的结构和功能

线粒体是细胞内微小的细胞器,本质上所有的复杂细胞里都有线粒体。线粒体是活细胞里微小的发电机,制造生物赖以生存的几乎全部的能量。它们利用氧气来"燃烧"食物。没有它们的辛勤工作,我们连动一下手指,眨一下眼睛都办不到。

在各种细胞器中,线粒体具有特殊性,因其含有核糖体,而且自身带有遗传物质。它的DNA是环状的,与标准真核生物的遗传密码有所不同。这是因为线粒体其实是外来者,是寄生在细胞里的。

被广为接受的内共生起源学说认为,地球上最初诞生的生命构造极其简单,就是一层包裹着DNA的软膜,大量生活在海底、火山附近,以硫化氢为养料。后来,逐渐进化产生一种叫蓝藻的生物,它能通过光合作用制造糖类物质,同时释放出废气——氧气。因为光合作用的高效率,蓝藻大量繁殖,海洋和大气中的含氧量也大为增加。这就使得原始细菌倒霉了,它们是厌氧性的,氧气对它们来说是一种毒素。为了适应环境,一种好氧型细菌进化出来,它们懂得如何利用氧气,还会四处活动。

到了距今约17亿年的时候,发生了一件影响重大的事情。这件事情决定了现在地球的生态环境。不知怎么的，好氧型细菌进入了厌氧型原始细菌的体内，并成为它的一部分。由于所处的环境与其独立生存时有所不同，因此很多原来的结构和功能变得不再必要而逐渐退化消失，结果好氧型细菌越来越特化，最终演变成了一种半自主的细胞器——线粒体。这类细菌是现在地球上所有真核生物包括人类的祖先。与此同时，蓝藻也进入了厌氧型细菌的体内，形成共生关系，最终演变成了叶绿体。显然，这种细菌就是现今地球上所有植物的祖先。

现在已发现支持内共生学说的证据包括：

第一，共生是生物界的普遍现象；

第二，线粒体拥有自己的DNA，可以独立自制，其形状与细菌的环状DNA类似；

第三，线粒体有自己特殊的蛋白质合成系统，不完全受细胞核的控制；

第四，线粒体的遗传密码与变形菌门细菌的遗传密码更为相似；

第五，线粒体核糖体不论在大小还是在结构上都与细菌70 S核糖体较为相似，而与真核细胞的80 S核糖体差异较大。

其实早在1905年，就有科学家提出线粒体是由原先的内共生体形成的这一想法。后来，林恩·亚历山大·马古利斯在1981年出版了《细胞进化中的共生》一书，并对内共生学说做了科学而系统的阐述，使得这一学说得以普及。根据她的观点，"生命并不是通过战斗，而是通过协作占据整个全球的"，而达尔文关于进化由竞争驱动的想法是不完善的。

关于线粒体的起源，除了内共生起源学说之外，还有一种非共生起源学说（也叫细胞分化学说）。这种学说认为线粒体的发生是由细胞膜或内质网膜等生物膜系统中的膜结构演变而来的。但近十几年，由于古细菌的发现与研究，以及古细菌可能是真核生物起源的祖先的论断，十分有利于线粒体内共生起源学说的巩固和发展。

5

红色皇后假说

　　自然选择只导致生物当前的适应，进化功能则是潜在的适应或未来的适应能力。目前，有几种假说可以解释具有进化功能的遗传结构的起源，其中"红色皇后假说"比较有名。

△ 奔跑中的红色皇后和爱丽丝

　　"红色皇后"一词取自英国作家路易斯·卡洛尔的儿童文学名著《爱丽丝镜中奇遇记》。在该书中，爱丽丝和红色皇后在高山低谷中奔跑，可是却总是停在原地。红色皇后对爱丽丝说："在这个国度中，必须不停地奔跑，才能使你保持在原地。"

　　1973年，进化生物学家利·范·瓦伦借用红色皇后的概念，提出红色皇后假说，恰如其分地描绘了自然界中激烈的生存竞争法则：不进即是倒退，停滞等于灭亡。用中国话说就是"逆水行舟，不进则退"。在逆水中即便要保持在原来的地方，也要不停地划水；或者更形象地比喻为鱼儿在急流中逆水而游，它们尽力地游才能不被水流冲走，但要越过浅滩或暗礁，则要跳跃。

　　自然界中，物种之间有非常复杂的相互作用、相互依存的关系。这种关系是除了物理环境条件关系之外的另一种重要的外在环境条件关系。在物理环境条件相对稳定的情况下，物种之间的关系构成驱动进化的选择压力。比如，在一个生态系统中，如果一个物种通过进化获得了某种生存优势，即它有能力占据更多的资源（如阳光、水分、食物、空间等），这便意味着其他物种同时获得了等量的生存劣势，因为在一定区域内生存资源总是有限的。其他的物种如果不想被自然选择规律所淘汰，只有通过进化获得相等程度的生存优势。如此一来，各物种虽然都在不停地努力适应环境，不停地通过进化来取得适应性上的进步，但实际上却没有为它们带来更大的生存机会。因为大家都在进步，所以没有一个物种获得相对的优势。物种间进化"竞赛"的一个例子就是掠食者和猎物之间的竞争关系。掠食者只有跑得比猎物快才有可能获得足够的食物；反过来，猎物只有跑得更快才能逃脱被猎杀的命运。竞争的结果导致了大致平衡的状态：猎手和猎物的相对速度总是差不多。反之，如果这种平衡状态被打破，必然是其中一个物种被淘汰，因为它可能追不上猎物被饿死或者跑得太慢被杀死。在红色皇后效应下，物种进化竞争的结果并没有增加这些物种作为一个整体对于环境的适应能力。

种间关系的牵制作用使得物种要获得显著的进化改变相当困难，这是因为在生态系统中物种的进化是相互制约的。从短期来看，只要跟得上就能生存下去，但从长远看，一个物种要在生态系统中获得有利地位就要比别的物种"跑"得更快。一

△ 斑马想活下去就必须跑得比捕食者更快

个物种若具有较大的进化潜力，就等于在进化赛跑中有超常的速度与耐力。从长远来看，竞争的胜利者不是看当前的适应，而是看能否获得超出其他物种的进化能力。当前的适应并不能保证未来的成功，具有大的进化潜力的物种才能获得长远的成功。

但是，红色皇后假说强调了物种在生存环境中的生物学因素，而忽略了物理环境因素的影响。因此，这个假设尚需进一步验证和完善。

6
黑色皇后假说

通常来说，生物的演化意味着其复杂性越来越高，但自然界中有很多生物其实并不按照这个套路出牌，它们演化的结果是生物的复杂性越来越低。科学家把这种现象称为"退行性演化"。

退行性演化的现象常常能在寄生生物中观察到。比如，在生物体里面扭来扭去的绦虫，它靠皮肤吸收生存所需的全部营养物质，根本不需要消化道。毕竟，保留一个非必需的生理功能所需的能量成本是很高的。对绦虫来说，把消化道统统扔掉，绝对是百利而无一害的。

导致这种退行性演化的最常见的原因是"遗传漂变"。所谓遗传漂变，就是由于一个物种中的部分生物与其他同类相隔绝，且个体数量很少，造成这个种群中的随机遗传突变的频率升高。

寄生生活的两个特征，正是"与世隔绝"和"个体数量少"。但是，原绿球藻属的细菌，却有所不同，它们是世界上数量最多的光合生物，跟寄生一点边儿都不沾。在漫长的演化过程中，这些细菌失去了分解过氧化氢等有毒物质的能力，让别的生物替自己做这些"粗活儿"。那么，这些细菌的生存，究竟是如何变得这样依赖其他微生物的呢？

"黑色皇后假说"回答了这一问题。2012年，生物学家杰夫·莫里斯和同事在最新一期的《微生物》中，详细解释了这个新奇进化理论背后的逻辑。

"黑色皇后假说"中的黑色皇后，指的是扑克游戏"红心大战"中的黑桃Q。红心大战这一游戏的目标是出掉手中的牌，避免得分，并争取在游戏结束时得分最低。然而，黑桃Q这一张牌的分数与其他所有牌的总分相同，因此，在红心大战中取胜的关键是不要得到这张牌。

黑色皇后假说将某些基因，或者更笼统地说，将某些生理功能，类比为黑桃Q这张牌。维持这些生理功能会消耗很多能量，因而生物并不倾向于保留它们，这导致废弃这类功能的生物在自然选择中具有优势。同时，这类功能也得有一个不可或缺的作用——公共利益，它能迫使群体中至少有一小部分个体，将此功能保留下来。毕竟，缺了黑桃Q这张牌，红心大战也玩不起来。我们再来看原绿球藻属的这个故事。维持整个种群生存的那些个体，提供的"公共利益"就是分解有毒的过氧化氢。生物学家把这个叫做"漏"遗传功能，即保留了这个生物学功能的个体，能让周围的其他生物都从中获益。

黑色皇后假说所导致的结果，听起来跟寄生关系非常相似，不过二者还是有两点重要的不同之处：

第一，黑色皇后假说中，退行性演化并不是由遗传漂变导致的，而是自然选择的结果。只要失去某个基因的利（这个利是由周围的其他"漏"生物带来的）大于弊，这个基因的丢失就会继续在整个种群中扩散。

第二，黑色皇后假说丝毫没有表明，保留了"漏"遗传功能的生物自身适合度下降。但这在寄生关系中，显然是下降了。

这两点是微妙却十分重要的差异。黑色皇

△ 一棵被寄生生物占据了的大树

后假说可以导致三种主要的种间关系类型中的任何一个，即寄生、共栖和互利共生，但最终会演变为其中的哪一种，完全取决于生物生长和相互影响的具体情况。所以，黑色皇后假说的意义不在于描述一种形式的种间关系，而在于解释这些关系是如何演化的。

7 间断平衡理论

△ 埃德雷奇

斯蒂芬·杰·古尔德是世界著名的进化论科学家、古生物学家、科学史学家和科学散文作家。他早期的研究领域是蜗牛的自然史，他对百慕大地区蜗牛的自然演变及分布的研究做出过突出的贡献。然而，使他享誉科学界的却是他和尼尔斯·埃德雷奇于1972年提出的"间断平衡"进化理论。

（其实埃德雷奇才是第一作者，他之前还独自写过一篇文章阐述了不少间断平衡的重要想法，但是古尔德名气比较大，写文章又多，后来的辩护大部分是他做的，结果现在提到间断平衡的时候埃德雷奇经常被遗忘……）

按照间断平衡理论，生物的进化并不像达尔文认为的那样是一个缓慢的渐变积累过程，而是长期的稳定与短暂的剧变交替的过程。新的物种一旦形成，就会长期处于稳定状态，这个相对安静的过程会持续几百万甚至上千万年，这就是"平衡"。然后，渐变累积，集中爆发一次，就像水烧到100 ℃时一样。物种演化的过程就是"平衡"不断被"间断"的过程。

古尔德指出，间断平衡理论有两个重要的支撑点：首先，化石表明，物种呈现明显的稳定性，在地质记录中出现时和消失时的外形几乎相同，没有出现达尔文认为的持续变化；其次，新物种的出现是突然出现，而且一旦出现，就已经相当完备，根本不需要进一步改变，这一事实也与达尔文的渐变理论有抵触。

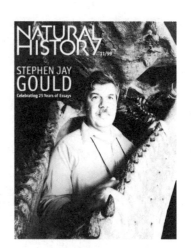

△ 古尔德

间断平衡理论不但解释了地层中化石的不连续性，还顺带解释了不少其他问题，比如进化的速率。这一理论一经提出就受到主流进化论学者的广泛认可。但达尔文的铁杆粉丝们对此很不高兴，更要命的是，某些反进化论者认定古尔德的理论彻底推翻了达尔文的进化论，他们高呼胜利。事实上，间断平衡理论的核心内容——边缘成种、长期静态、短期快速演化——虽然不是达尔文想象的那种演化模式，但是和达尔文进化论的核心并不矛盾。达尔文进化论的两大支柱是共同祖先和自然选择，前者主张地球上所有生物来自同一个祖先，而非分别独立起源；后者主张自然选择是影响演化方向的主要力量。这两点都和间断平衡理论没有任何冲突。而且古尔德是一位坚定的达尔文主义者，只不过他认为达尔文主义的核心是自然选择理论，而不是生物渐变理论。

此外，古尔德对重演论的历史和科学种族主义等研究也很出色。他主持并编写的科普片《进化》有很高的收视率。尤其是从1974年起，古尔德在《自然史》杂志上开辟了一个专栏"这种生命观"，用散文的形式，向读者讲述了由自然现象引出的种种思考，包括对自然现象的遐想和对科学的反思。这些文章的中心是生物的进化和进化的理论，但是由于作者丰富的联想、独特的思考、流畅的文笔和广博的学识，使读者不仅感到惬意，而且还会跟随作者的引导，去思考周边事物及现象的背后所蕴含的深刻而具普遍性的道理。后来，这些专栏文章被归结为7本书，以"自然沉思录"为总标题出版，影响深远。

8
威尔逊与社会生物学

爱德华·威尔逊，美国国家科学院院士、生物学家、博物学家，曾两次获普利策奖，是当代无可争议的科学巨人之一。《社会生物学：新的综合》是他的代表作，该书是社会生物学领域的奠基性著作，出版至今无人超越。

社会生物学以进化论的观点研究动物的社会行为、种群的大小和组织功能（或适应意义）的习性学分支，以生物和环境的关系等多个相关学科来研究生物界和社会的规律。社会生物学认为，物种群体的各种组织形式（如有的松散，有的等级严明），与组织形式相适应的群体内个体之间的各种联系（如支配与服从，亲子代关系，各种类型的配偶制），以及所使用的交往手段的特异性质都是在一定的生存条件下进化而来的，或者说是自然选择的产物。

△ 猴群

例如，在一定的生态环境中，一个物种群体的大小常常受到食物的限制和猎食者的影响，因此种内就会有相应的限制繁殖和进行防御的行为。有些鸟类和哺乳类动物为了保护食物来源，有占域的习性。生存于食物贫乏或易遭猎食的环境中的鸟类在繁殖时多为一夫一妻制，而且雌雄鸟共同照料后代。在猴群中，特别是生活在开阔地区的狒狒群中，严格的等级组

织以及与等级关系相应的个体之间的各种仪式化的交往行为（如猴王昂
首阔步的行为，低等级者对高等级者表示讨好的呈现臀部的行为，以及
表示友好的理毛行为）都具有维持种群内和平、团结的功能。群体的团
结有利于抵御侵犯者和保护幼小者，所以这些行为对种群的生态有着重
要的意义。

　　社会生物学家认为，生物的进化过程就是基因的选择、复制、传递
的过程。一个物种的个体只不过是复制基因的机器。能够生存和产生后
代的个体才能给物种基因库贡献适合的基因。然而，在有些物种中，某
些个体具有为种群生存而牺牲自己繁殖机会的行为，最典型的如蜂群中
的工蜂和蚁群中的工蚁，它们的一生都在为种群的生存而工作，但它们
自己却不能繁殖后代。研究这种利他行为的基因如何繁衍，是社会生物
学中很重要的课题。

　　社会生物学家相信，实现
交互利他的行为只有在具有复
杂的社会结构和个体之间彼此
能够认识的种群中才有可能。
但社会生物学家的这种见解带
有浓厚的拟人论色彩，很难被
持严格的客观态度和遵循实验
研究方法的比较心理学家所接
受。而且对于社会生物学，人
们的争议也非常大。有的社会

△ 蜂群

生物学家试图以动物社会行为的原则来解释人类行为；而有些人则比较
谨慎，他们承认人类虽然也属于动物界，但人类已经有了高度发展的社
会和文化，制约着动物行为的那些生物因素在人类的社会行为中未必仍
起同样的作用。因此，社会生物学研究本身虽然有一定的价值，但它所
发现的原则绝非人类社会生活和人类具有的高度自我意识的行为所遵循
的原则。

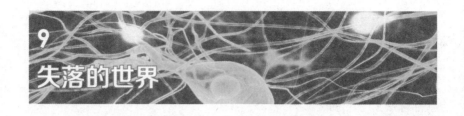

9
失落的世界

进化学家用"失落的世界"这个词语来描绘那些生活着远古动植物的地区，这些地区通常有着特殊的环境，生活着远古时代遗留下来的能被称为"活化石"的生物。

△ 熊猫生活在"失落的世界"里

事实上，"失落的世界"这个概念并不神秘。以熊猫为例，几十万年前，大熊猫的栖息地曾覆盖了中国东部和南部的大部分地区，北达北京，南至缅甸南部和越南北部。而如今大熊猫分布范围已十分狭窄，仅限于中国的秦岭南坡、岷山、邛崃山、大小相岭和凉山的局部地区。按照上述定义，这些地区都可以称作"失落的世界"。

柯南·道尔最早使用"失落的世界"一词。他的科幻小说《失落的世界》描写了在南美茂密的森林中，恐龙与原始人杂居在一起。

很多"失落的世界"都指的是海岛。确实，远离大陆，自然环境特殊，当某些远古生物在别处灭绝的时候，在岛屿上的同类却能依然悠闲地生活着。这是有事实根据的。

1911年，一位美国飞行员驾驶一架小型飞机低空飞过印度尼西亚的科莫多岛上空时，无意中发现了一种"怪兽"。第二年，第一份关于这种"怪兽"的学术报告在欧美引起了轰动，因为那"怪兽"多么像恐龙啊！体躯庞大、相貌丑陋、四肢爬行、浑身密布鳞片……但科学家粉碎了人们的幻想，因为这种"怪兽"并非恐龙，而是恐龙的远亲——一种蜥蜴。

除岛屿之外，最容易隐藏远古生物的地方就是幽暗深邃的大海。有一种说法，我们对大海的了解还不及月亮，即便是海洋学家对那里也所知寥寥。

1938年12月，在东伦敦港博物馆工作的娜汀梅·拉蒂迈女士意外地发现一条活着的空棘鱼。而当时世界上每一位古生物学家都认为，这种生活

△ 空棘鱼

在大海深处的远古生物早在7000万年前就从地球上消失了。空棘鱼的发现，轰动了全世界，这不仅因为它在动物分类史上有独特的代表性，更重要的是它代表着陆生脊椎动物的祖先，是鱼类进化为两栖类的过渡类型，给人们提供了生物进化的一个活的见证。

历史上，空棘鱼的分布范围十分广泛。但现在，空棘鱼仅生存在印度洋的科摩罗群岛、印度尼西亚海域及墨西哥湾等极少数地方。既然空棘鱼能够躲过地质史上无数次的浩劫而生存下来，那深海或者其他地方是否也有这样的"幸运儿"呢？

在"失落的世界"里，时间仿佛停止一样，一切还停留在很久很久以前。有人据此认为进化论错了，因为"失落的世界"里动物都没有进化。事实上，"失落的世界"都有一个典型的特征，那就是与世隔绝，缺少与外界的交流，同时环境变化少，因此，相对于其他区域来说，这里的生物进化速度缓慢，但并非没有进化，像上述巨蜥和空棘鱼都与它们的祖先有所不同。

10
趋同进化

　　不同的生物，甚至在进化上相距甚远的生物，如果生活在条件相同的环境中，在同样的选择压力作用下，有可能产生功能相同或十分相似的形态结构，以适应相同的条件。此种现象称为趋同进化。

　　趋同进化现象是相当普遍的，固着生活的无脊椎动物，如腔肠动物门的珊瑚、甲壳类的藤壶、棘皮动物门的海百合等都有相似的辐射对称的躯体构型。生活在水中的脊椎动物，如哺乳纲的鲸和海豚、爬行类的鱼龙等都具有与鱼类相似的体形。欧亚大陆温带地下生活的鼹鼠、非洲南部的金毛鼹、澳大利亚的袋鼹分类上相距甚远，分别属于啮齿目、食虫目和有袋目，但它们的生活方式相似，形态也相差不大。澳大利亚的袋食蚁兽、非洲的土豚、亚洲的穿山甲、南美洲的食蚁兽，也具有相似的生活方式和适于捕食白蚁的相似生理结构。鲸、海豚等和鱼类的亲缘关系很远，前者是哺乳类，后者是鱼类，但它们体形都很相似。

　　2007年，中国内蒙古地区发现1.65亿年前生活在侏罗纪时期的一种哺乳动物的化石，这是一种类似于现今小负鼠的皮毛动物，被命名为"三尖齿兽"。它的体长约为20厘米，体重为200～300克，在地面上生活，以虫子和昆虫为食。令科学家们真正惊奇的是，这种远古动物的牙齿非常类似于现代哺乳动物的"三尖齿"。这些远古哺乳动物的"准三尖齿"仅在切齿和磨齿的位置上有些不同。

　　古生物学家之前曾认为三尖齿是在所有哺乳动物出现之后才进化形成的。但是，2001年美国古生物学家骆西泽和研究人员发现三尖齿进化的时间要更早一些，三尖齿属于单孔类动物的特征，是远古蛋生哺乳动物的一支。目前发现的1.65亿年前的化石揭示了在与恐龙同时

◁ 三尖齿兽复原图

期的哺乳动物的牙齿已进化演变得复杂了许多，这进一步支持了哺乳动物三尖齿的趋同进化的假设。这种远古哺乳动物的"准三尖齿"和现代哺乳动物的三尖齿很好地说明了趋同进化现象，处于不同进化时期的物种都表现出了切齿和磨齿对进食方式的最佳适应性。

当两种或两类已有分歧的生物遇到了相似的环境，并因同向的适应进化而独立地进化出相似的特征，就称为平行进化。平行进化与趋同进化的区分主要是看后代与祖先的状况，若后代之间的相似程度大于祖先之间的相似程度，则是趋同进化；若后代之间的相似程度与祖先之间的相似程度基本一致，则是平行进化。

科学界对于不同物种能否在社会交往中产生趋同进化一直颇有争议，但英国最新的一项研究发现，南美洲的两种不同鸟类却因解决"领土争端"的需要而进化出了相应的"通用语"，这就像人类和猩猩能通过手语来交流一样。

11
协同进化

　　由于生物个体的进化过程是在其环境的选择压力下进行的，而环境不仅包括非生物因素也包括其他生物因素。因此，一个物种的进化必然会改变作用于其他生物的选择压力，使得其他生物也发生变化，这些变化又反过来促使相关物种的进一步变化。在很多情况下两个或更多的物种的进化常常会相互影响形成一个相互作用的协同适应系统。

　　广义的协同进化可以发生在不同的生物学层次：可以体现在分子水平上，如DNA和蛋白质序列的协同突变；也可以体现在宏观水平上，如物种形态性状、行为等的协同演化。协同进化的核心是选择压力来自于生物界（从分子水平到物种水平），而不是非生物界（比如气候变化等）。

　　协同进化有如下的意义：

　　第一，促进生物多样性的增加。例如，很多植食性昆虫和寄主植物的协同进化促进了昆虫多样性的增加。

　　第二，促进物种的共同适应。该方面主要体现在众多互惠共生的例子中，如传粉昆虫与植物的关系（昆虫获得食物，而植物获得受精的机会）。

　　第三，基因组进化方面的意义。例如，细胞中的线粒体基因组的形成可能源于细胞内共生菌的协同演化。

　　第四，维持生物群落的稳定性。众多物种与物种间的协同进化关系促进了生物群落的稳定性。另外，众多非互惠共生的协同进化关系，比如物种间的寄生关系、捕食关系的形成等，都维持了生态系统的稳定性。

　　蜂鸟是协同进化的典型例子。在南美热带雨林中，蜂鸟是许多种植物的传粉者，它的喙大致可分为两种类型：长而弯曲型和短而直型。第一种类型的鸟适于在略微弯曲的长筒状花中采蜜，这一类花分布广泛且产蜜量高；第二种类型的鸟适于在短小笔直的花中采蜜，这一类花分泌的花蜜一般较少，而且它们也经常吸引许多传粉的昆虫。尽管长喙蜂鸟也可以取食短筒花中的蜜，但它们一般更偏爱长筒花，而且在短筒花附近，它们往往受到其他短喙鸟类的驱赶。此外，蜂鸟飞行速度快，长喙蜂鸟可以长距离地飞来飞去取食那些不能被短喙蜂鸟采用的花蜜。

▲ 吃不同花蜜的蜂鸟的喙是不一样

蜂鸟是典型的通过一次飞行造访不同种类的花来提高摄入的能量，而不是只依赖一种植物的传粉动物。因此，对于种群数量小的植物来说，选择压力可能促使植物产生较多花蜜吸引蜂鸟。有趣的是，依靠蜂鸟传粉的植物几乎分泌同等数量的花蜜，这也许是因为蜂鸟不屑于光顾那些产蜜量不高的花。

有些依赖蜂鸟传粉的花可能与蜂鸟密切地协同进化。科学家在亚马孙热带雨林考察时曾好奇地观察长尾蜂鸟取食一种凤梨科植物的花蜜，这种植物花筒的形状似乎刚好能容纳进蜂鸟细长的喙；除蜂鸟外，似乎没有其他任何动物前来采食这种植物的花蜜。

12
现代综合进化论

上世纪二三十年代，苏联著名学者契特维里科夫、英国学者罗纳德·费希尔、霍尔登和美国学者莱特等人创立了群体遗传学。他们的研究表明，群体中一般都隐藏着大量的遗传变异，而进化的方向和速度都是由自然选择决定的。杜布赞斯基根据自己的野外观察和细胞遗传学的研究，将自然选择学说与现代遗传学结合起来，创立了现代综合进化论。

△ 杜布赞斯基

随后，美国学者恩斯特·麦尔在物种概念方面，盖洛德·辛普森在古生物学方面，斯特宾斯在植物学方面，德国学者伦许在动物学方面，都分别论述了一些进化的机制，从而加强和发展了现代综合进化论，使它很快为多数生物学家所接受，成为当代进化学说的主流。

现代综合进化论彻底否定获得性状的遗传，强调进化的渐进性，认为进化是群体而不是个体的现象，并重新肯定了自然选择压倒一切的重要性，继承和发展了达尔文进化学说。

现代综合进化论的基本观点是：

（1）基因突变、染色体畸变和通过有性杂交实现的基因重组是生物进化的原材料。

（2）进化的基本单位是群体而不是个体，进化是由于群体中基因频率发生了重大变化。

（3）自然选择决定进化的方向，生物对环境的适应性是长期自然选择的结果。

（4）隔离导致新物种的形成，长期的地理隔离常使一个种群分成许多亚种，亚种在各自不同的环境条件下进一步发生变异就可能出现生殖隔离，形成新物种。

综合进化论使自然选择学说更加精确，它更新了自然选择学说的一些基本概念：

（1）在达尔文看来，进化的改变仅仅体现在个体上，综合进化论则认为，由于基因分离和重组，有性繁殖的个体不可能使其基因型恒定地延续下去，只有交互繁殖的种群才能保持一个相对恒定的基因库。因此，进化体现在种群遗传组成的改变上，不是个体在进化，而是种群在进化。

（2）在达尔文学说中，自然选择来自繁殖过剩和生存斗争，而在综合进化论中，则将自然选择归结为不同基因型有差异地延续。在种间或种内生存斗争中，竞争的胜利者被选择下来，它的基因型得以延续下去。这固然具有进化价值，但除此之外，生物之间的一切相互作用，包括捕食、竞争、寄生、共生、合作等，只要影响基因频率的变化都具有进化价值。没有生存斗争，没有"生死存亡"问题，单是个体繁殖机会的差异也能造成后代遗传组成的改变，自然选择也在进行。

（3）达尔文还不能区别可遗传的变异和不可遗传的变异，他有时还采用了后天获得性遗传的概念。综合进化论摒弃了这些过时的概念，而将自然选择学说和孟德尔理论及基因论结合起来。

总之，现代综合进化论是达尔文主义的重大发展，是当前进化论的主流。

13
木村资生与中性学说

△ 木村资生

20世纪60年代早期，人们开始用电泳技术研究蛋白质的变异。科学家研究果蝇发现，大约30％的基因座有不同的等位基因，进一步研究表明，一般生物的遗传多态性都是10％~20％。如此高的遗传多态性令人疑惑。日本遗传学家木村资生在1968年提出"中性学说"。

木村资生认为蛋白质存在如此高的多样性，表明在分子水平上，生物进化受自然选择的作用很小，而是按一定的速率随机地突变。一个蛋白质的变异能够被保存下来，不是因为它有生存优势，而是因为它对生存没有太大的害处，也就是说，它是好的、不好不坏或只有轻微的坏处，都有同等的机会被保留下来，谁能保留下来是中性漂变（也叫随机漂变，是中性学说的要义）的结果。

除了蛋白质的变异数太高外，中性学说还有其他的依据。20世纪60年代以后，分子生物学家通过比较不同物种的同一种蛋白质氨基酸序列的异同，推算出蛋白质的突变速率大概是每年9~10个氨基酸。这个数目看上去很低，但是木村资生认为，如果蛋白质的进化是受自然选择作用的话，这个数目则显得太高了。因此，蛋白质的进化不可能是由自然选择导致的，只能是中性漂变的结果。

中性学说的第三个依据是，尽管不同蛋白质的进化速率有快有慢，但它们似乎都有一个固定不变的进化速率（所谓的"分子钟"）。在他看来这不可能是自然选择的结果，因为环境的变化速率不可能是固定不变的。最后一个依据是，一个蛋白质的不同部分有不同的进化速率。蛋白质的不同部分的重要性不同，比如酶的活性区就要比边缘区重要。研究表明，蛋白质的重要区域的进化速率要比别的区域慢。

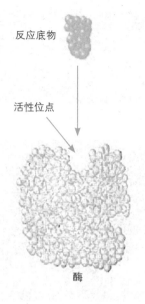

反应底物

活性位点

酶

木村资生认为，如果自然选择对蛋白质进化起作用的话，一个区域越重要，选择的压力就越大，它的进化速率就应该越快才对。而如果分子进化是中性漂变导致的话，一个区域越重要，可能的中性突变就越少，进化的速率理所当然就显得慢了。

木村资生提出了分子进化的中性学说，在进化生物学界掀起了轩然大波。经过长期激烈的争议，现在一般认为：自然选择无疑能够影响并保持分子多态性，但是中性漂变也是导致某些多态性的重要因素。有关中性学说的正确性和适用范围目前仍然没有定论。不过现在大多数生物学家都认为，中性学说能够更好地解释DNA特别是非功能区DNA的进化，而功能区DNA和蛋白质的进化则还要受到自然选择的作用。

14
道金斯与自私的基因

△ 道金斯

克林顿·理查德·道金斯，英国皇家学会会员，英国皇家文学学会会员，是英国演化生物学家、动物行为学家和科普作家。1976年出版了名著《自私的基因》，引起了社会的广泛关注。在书中他阐述了以基因为核心的演化论思想，将一切生物类比为基因的生存机器，并引入了"模因"这一概念。

他认为演化的驱动力不是个人、全人类或各个物种，而是"复制者"，所谓复制者既包括基因也包括模因（是文化资讯传承时的单位）。基因是细胞内决定某一生物体性状的遗传物质。道金斯认为基因是进化的单元，也是生物体的原动力：自私并且只对自己的生存和繁殖感兴趣。他认为行为和生理机能可以由基因的永久性来解释。我们只是自己基因的一套"生存机器"，而这些"机器"的价值体现在是否能够提高基因存活与繁衍的成功率。

道金斯解释说，即使那些看起来利他的行为都符合这个"自私"的模式，比方说，既然子女会有一半的基因和母亲的相同，如果一位母亲会牺牲自己的生命来保护她的孩子，那么她的基因就会继续存活下去。因此，她看来无私的行为实际只是基因（即"复制者"）利用"生存机器"确保自己的复制体更可能存活下去的一个策略。

大家都知道妇女刚怀孕时会有强烈的呕吐反应。这是一件非常奇怪的事情，因为此时正是孕妇需要大量营养的时候，却因为呕吐导致营养白白流失，对母子皆为不利。按理说这种反应早该被自然选择淘汰掉，可是为什么至今依然存在呢？科学家认为，这种现象一定有其不可替代的好处。

研究结果令人惊讶：原来胎儿在子宫里的发育初期，特别容易受到伤害，这个时候如果受到一点点有毒物质的侵害，将会造成严重的后果。因此，胎儿发展出一种特殊的能力，能让母亲呕吐，这样可以最大限度地减少从食物中摄取到有毒物质的可能性。因为这个时候的胎儿还很小，不会面临营养问题。等胎儿长到3个月后，有足够的防御能力，就不会再让母亲呕吐了。这也就是为什么妊娠反应通常在怀孕初期较为强烈的原因。

△ 《自私的基因》中文版

上世纪60年代，一种名为"反应停"的药物受到孕妇的欢迎。她们原本深受妊娠反应之苦，在吃了"反应停"后，果然不再恶心、呕吐了。可是，吃了"反应停"的孕妇后来产下了大量畸形儿，药厂因此被提起诉讼，进行了巨额赔偿。事实上，"反应停"本身并不致畸，致畸的原因是孕妇不呕吐后，吃下了太多的食物，这才对胎儿造成了严重的伤害。

如此看来，就算是在天下最纯真的母子亲情之间，也隐伏着"自私的黑手"。

自私无处不在，我们是否就应该绝望呢？道金斯说，人类是唯一可以依靠自身的力量摆脱基因控制的物种，我们之所以成为"人"，可能正是因为我们不断拥有这种能力。

15

物种究竟是如何形成的?

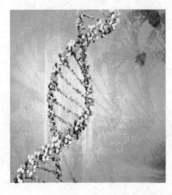

△ 基因里隐藏着物种形成的秘密

虽然达尔文给自己的书起名为《物种起源》，但他并不能解释物种究竟是如何形成的，他把这称为"谜中之谜"。而在一个半世纪之后，两群动物是通过什么机制变得基因不相容的，这依然是进化生物学上最大的难题。我们明白达尔文的加拉帕戈斯群岛地雀由于被分离到不同岛屿上，渐渐适应了不同的环境，产生了生殖隔离，从而演化成不同的物种。然而，难以解释的是，在没有被物理隔离的种群中新物种也会迅速产生。令人惊讶的是，一个名字乏味的基因——Prdm9，可能掌握了物种形成的关键。

1974年，当时的捷克斯洛伐克遗传学家基里·弗瑞在杂交两个小鼠亚种时，发现可能有一个未知的基因与生殖隔离有关。到了21世纪，弗瑞和同事终于在小鼠第17号染色体上锁定了这个导致生殖隔离的基因Prdm9。与此同时，英国牛津大学生物学家彭廷也在寻找给予人类独特性的基因，他认为这个应该就是人类基因中变化最快的那个。这个基因恰恰也是Prdm9，而它在整个动物界都是以极高的频率进化着。彭廷的研究似乎进了死胡同，但弗瑞的小鼠基因却显得越发有趣了。没有任何基因演化的目的会是让生物不育，Prdm9在杂种不育中所起的作用理应是它正常功能的副产品。很快，另外一个方向的研究揭示了Prdm9基因的真正功能。

当生物产生精子或卵子的时候，染色体会配对并交换部分DNA片段，使得继承自父母的基因发生重组。而研究发现，重组DNA片段的位置并非随机，多数都在特定的"热点"上。英国牛津大学的统计遗传学家吉尔·迈克维恩发现，约40%的热点都有一个相同的含十三个碱基的DNA序列。他还发现，可能是一种锌指蛋白激活了重组热点，触发了重组。而后来的研究证实编码这种锌指蛋白的基因正是Prdm9。

△ 基因与进化关系密切

基因重组的时候有时会抹掉原来的热点，而Prdm9变异后会为基因重组制造新的热点。在几百上千代的遗传过程中，基因组中的热点一直是在不停变化的。而有着不同的Prdm9基因的个体，基因重组时的热点也是不同的。

多数研究者认为，就是这个指定DNA交换位置的功能，使得Prdm9导致某些组合的卵子和精子不亲和。然而困难在于，没有明显的理由可以解释为什么基因重组热点不同的个体在生殖上是不亲和的。小鼠杂种不育的确与Prdm9有关联，但在其他生物身上Prdm9是否和不育有关还没有相关证据。研究者正致力于研究小鼠的Prdm9和其他基因的相互作用，从而最终搞清楚Prdm9和生殖隔离的关系。

如果最终证实Prdm9确实是导致生殖隔离的基因，那么它就会成为解开新物种如何形成，这个达尔文的"谜中之谜"的钥匙，成为当之无愧的演化因素。

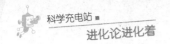
三　生命简史与进化例证

1
生命的起源

　　生命起源之谜是至今未解的宇宙之谜。无生命的物质怎么会变成生命体的？解答生命起源之谜的关键是找到构成生命的基本物质"核苷酸"是从哪里来的。

　　一些科学家模拟原始地球的条件，进行了一系列合成核苷酸及其他有机物质的实验。实验证明，原始地球上存在的各种无机物，在原始地球上存在的各种能源（放电、快速电子流、紫外线、α射线、β射线、γ射线、X射线、磁力等）的作用下，可能产生生命物质的前体，特别是各类核苷酸、氨基酸。目前，科学家们已经能够用核苷酸单体合成核酸，并人工合成了生命体。

　　那么，最初这种转变发生在哪里呢？

　　一种说法是大气层。

　　科学家们推测：起源于大气层中的有机物，乃至组成生命物质的单体随着降雨落到地面和原始海洋中，由单体聚合成多聚体，再由多聚体聚合成由核酸和蛋白质组装而成的核蛋白体入水而成活。于是，生命便诞生了。科学家们推测，这可能是发生在30亿至40亿年前的事。也就是说，从生命诞生到人类来到这个世界上，已经历了三四十亿年的漫长岁月！

　　近年来，随着深海生物科研的不断深入，科学界有一种新的看法，认为生命可能起源于海底热泉系统。所谓海底热泉系统是指海底深处的喷泉，原理和火山喷泉类似，喷出来的热物质就像烟囱一样。在海底热泉附近，有大量奇异的生物生存。

美国华盛顿卡内基研究所地球物理实验室黑普及其同事发现，在高温和高压下利用金属矿物质作为催化剂，氮分子可以与氢分子发生还原反应生成由一个氮原子和三个氢原子组成的具有活性的氨分子。研究发现，如果以金属矿物质作为催化剂，氮分子还原生成氨分子的条件为300℃~800℃，压力为0.1~0.4千兆帕，而这些条件正是早期地壳和海底热泉系统的典型特征。

△ 海底热泉可能是生命的起源之地

研究人员指出，作为生命起源的前奏，氮分子向氨分子的转换过程很可能发生在大量溶解了矿物质的海底热泉周围。另外，黑普等人在研究中还发现，在800℃以上的环境下，氮元素只有以分子形式存在才能保持稳定，从而排除了早期地球大气中大量产生氨分子的可能。因为在地球形成的早期，由于小行星的撞击，地球表面温度要超出800℃。

研究人员推测说，海底热泉在地球早期如果能够产生足够的氨分子，通过海洋与大气的水和气体交换，氮分子占主导的早期地球大气中氨分子会逐渐增多。由于氨属于温室气体，能够对地球表面起到保暖作用，这同时也解释了为什么在当时太阳能量不足的情况下，地球上的海洋仍能保持液态。

令人吃惊的是，达尔文在1871年给一个人的信里面讲到，生命最早很可能在一个热的小的池子里面。达尔文生活的年代对深海基本还是一无所知，能提出这种想法简直匪夷所思。

那么，地球生命是否就诞生于远古时期的海底热泉呢？这个问题还没有最后的结论，还需要进一步研究论证。

2
我们都是外星人？

最近，美国国家航空航天局（NASA）对地球上发现的陨石进行了研究，并指出也许DNA的某些组成部分可以在太空中形成。那么，携带着DNA的陨石在暗示着什么样的生命本质？它们真的可以支持泛种论，或者外源论吗？

△ 陨石带来生命？

"泛种论"古已有之。公元前5世纪，希腊哲学家阿那克萨哥拉认为，宇宙是由无数的"种子"所组成，并创造了"泛种论"这个词，希腊语意为"所有的种子"。不久，亚里士多德提出了占据主流达2000多年的自然发生说。直到20世纪初，贝采里乌斯、威廉·汤姆森和瑞典科学家斯凡特·阿伦尼乌斯等人才重新在著作中提及这个理论。

"泛种论"认为，地球的生物系统不是封闭的，地球上的生命源自太空，后来也有外来生命通过"基因风暴"不停地穿过大气层降临地球，为生命的不断进化提供了新的基因。

支持这一假说的证据之一，便是彗星中存在着许多复杂的有机分子，包括核苷酸和氨基酸。上世纪80年代，著名的哈雷彗星接近地球时，全世界许多观测仪器都对准了它。观测的结果令科学家们激动不已，因为观测中发现彗星可能含有许多有机物质，包括合成生命物质的前体。

1997年3月，千年一遇的海尔–波普彗星从地球边上飞过，科学家们发现，这颗卫星正在喷射数以吨计的有机物，其中有合成生命物质的前体。同时，对于地球初生水之谜也有了新的线索。1997年5月，科学家们通过极地卫星的观测发现，宇宙不断地在向地球抛"雪球"，巨大的宇宙"雪球"正在地球上空狂轰滥炸。他们认为，地球上的初生水来自这种宇宙水。宇宙水形成了地球上的原始海洋。外太空来的生命前体在原始海洋中合成了生命。

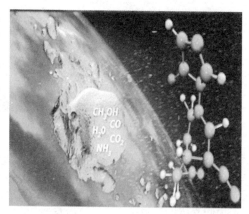

△ 构成生命的元素来自外太空？

　　科学家发现数百万年前撞击地球的彗星陨石中存在有机物质，这些物质具备进一步演化成生命分子的条件，其中包括蛋白质、构成DNA和RNA的碱基对等。陨石中含有多种较为简单的分子，比如水、氨、甲醇和二氧化碳等，这些物质需要一个合适的环境继续演化，期间还需要大量的能量来"驱动"此类化学反应。

　　彗星撞击地球为地球带来了生命分子和能量。根据统计，早期的彗星和小行星撞击事件可以为地球带来每年10万亿千克的有机物质。可以想象，早期地球环境可以储存大量的有机物质，研究人员通过密集模型的重建调查，结果发现了种类不同的烃类物质以及其他化学成分，其中可能已经存在生命分子，它们进入地球环境后开启了地球生命的演化历程。

　　作为一种假说，"泛种论"必须依靠证据来证明自己。当然，"带有DNA的陨石"也并非什么铁证，还需要更多的证据。如果"泛种论"最终被证实，意味着人类并非地球上特有的智慧生物，相同的生命分子在宇宙空间中"流窜"，当它们找到合适的环境时就会"扎根"，开启属于那个星球的生命演化历程。

3 地质生物简史（上）

　　按地层的年龄将地球的历史划分成一些单位，这样可便于人们进行地球和生命演化的表述。"宙""代""纪""世"就是人们划分的四个不同等级的单位。

　　第一级"宙"包括冥古宙、太古宙、元古宙和显生宙。

　　冥古宙是最早的一个地质年代，开始于地球形成之初，约46亿年前，结束于38亿年前。"冥古宙"一词最初是由普雷斯顿·克罗德于1972年提出的，用希腊字"冥界"来描述地球形成之初炙热的岩浆状态。在整个冥古宙，地球从一个炽热的岩浆球逐渐冷却固化（计算表明仅需1亿年），出现原始的海洋、大气与陆地，但仍然是地质活动剧烈、火山喷发遍布、熔岩四处流淌。大约在41亿年前到38亿年前，地球持续遭到了大量小行星与彗星的轰击，史称"晚期重轰炸"。

▲ 太古宙岩石标本

　　太古宙是地质年代分期的第二个宙。约开始于38亿年前，结束于25亿年前，延续了大约13亿年。在这个时期里，地球表面很不稳定，地壳变化很剧烈，形成最早的陆地基础，岩石主要是片麻岩，成分很复杂，沉积岩中没有生物化石。太古宙晚期有菌类和低等藻类存在，但因经过多次地壳变动和岩浆活动，可靠的化石记录不多。

　　元古宙是地质年代分期的第三个宙。约开始于25亿年前，结束于5.7

亿年前，延续了大约20亿年。在这个时期里，地壳继续发生强烈变化，某些部分比较稳定，已有大量含碳的岩石出现。藻类和菌类开始繁盛，晚期无脊椎动物偶有出现。地层中有低等生物的化石存在。

太古宙和元古宙原来叫做太古代和元古代，是1863由美国人洛冈命名的，意思是指生物界太古老和生物界次古老，属于隐生宙。现在，根据最新研究成果，不再使用隐生宙的概念，同时将太古代和元古代更名并升级为太古宙和元古宙。

第四个宙是显生宙，从5.7亿年前的寒武纪开始直到今日。这是科学家最感兴趣，同时也是研究得最为透彻的宙，因为这一时期开始出现了大量多细胞动物。

"宙"下分为"代"。冥古宙分为隐生代、原生代、酒神代和雨海代。太古宙分为始太古代、早太古代、中太古代和晚太古代。元古宙也简单地分为早、中、晚三个代，而显生宙包括古生代、中生代和新生代三个我们耳熟能详的代。自5.7亿年前到2.3亿年前这段时间为古生代，是1838年由英国人赛德维克制定的，表示生物界古老的意思。从2.3亿年前到0.65亿年前为中生代，从0.65亿年后到现在为新生代。这两个代均由英国人费利普斯于1841年命名，取意分别为生物界中等古老和生物界接近现代。

"代"以下的划分单元为"纪"。中元古代的长城纪是目前命名的最古老的纪，紧随其后的是蓟县纪，而晚元古代包括青白口纪、震旦纪。其中，震旦纪由美国地质学家葛利普于1922年按照古代印度人称华夏大地为"震旦"而命名的。有研究表明，在震旦纪已有低等动物出现，甚至有人认为大名鼎鼎的三叶虫也最早出现在震旦纪。

△ 三叶虫化石

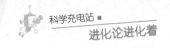

4
地质生物简史（中）

古生代包括六个纪。寒武纪是古生代的第一个纪，约开始于5.7亿年前，结束于5.1亿年前。在这个时期，陆地下沉，北半球大部被海水淹没。生物群以无脊椎动物尤其是三叶虫、低等腕足类为主，植物中红藻、绿藻等开始繁盛。著名的"寒武纪生命大爆发"就发生在这个时期。

重庆奥陶纪地质公园 ▷

奥陶纪是古生代的第二个纪，约开始于5.1亿年前，结束于4.38亿年前。在这一时期，气候温和，浅海广布，世界许多地方都被浅海海水淹没，海生物空前发展。生物群以三叶虫、笔石、腕足类为主，并出现板足鲎类，也有珊瑚。藻类繁盛。

志留纪是古生代的第三个纪，但它的名字的产生比寒武纪和奥陶纪都要早，是1835年默奇森在英国西部一带进行研究时，用威尔士地区的一个古老部族的名称来命名的。志留纪约开始于4.38亿年前，结束于4.1亿年前。在这一时期的大部分时间里，地壳相当稳定，但在末期有强烈的造山运动。生物群的最大特点是早期原始植物开始登上陆地，在海中也出现了有颌骨的鱼类，同时有成群的珊瑚虫聚集生活，最后形成珊瑚礁。

泥盆纪是古生代的第四个纪，大约开始于4.1亿年前，结束于3.55亿年前。1839年，英国地质学家赛奇威克与默奇森在研究了英格兰西南半岛上德文郡的"老红砂岩"后命名了"泥盆纪"。泥盆纪初期各处海水退去，积聚后成沉积物。后期海水又淹没陆地并形成含大量有机物质的沉积物，因此岩石多为砂岩、页岩等。腕足类在泥盆纪发展迅速，并出现了昆虫类和原始两栖类。此外，鱼类也相当繁盛，故泥盆纪也被称为"鱼类的时代"。

石炭纪可能是得名最早的纪，1822年科尼比尔和菲利普斯在研究英国地质时，发现了一套稳定的含煤炭地层，这是在一个非常壮观的造煤时期形成的，因此命名为石炭纪。石炭纪是古生代的第五个纪，约开始于3.55亿年前，结束于2.9亿年前。在这个时期，气候温暖而湿润，高大茂密的植物被埋藏在地下经炭化和变质而形成煤层。今天我们所使用的煤炭、石油和天然气大多出自这个时期。岩石多为石灰岩、页岩、砂岩等。石炭纪陆生生物崛起，如蟑螂类和蜻蜓类，它们的出现与当时茂盛的森林密切相关，其中有些蜻蜓个体巨大，两翅张开可达半米之多。

二叠纪最初命名时是在1841年，由默奇森根据当时研究所处彼尔姆州，将其命名为彼尔姆纪。后来在德国发现这个时期的地层明显为：上层是白云质灰岩，下层是红色岩，由此，中文将该时期译成了二叠纪。二叠纪是古生代的第六个纪，也是最后一个纪，约开始于2.9亿年前，结束于2.5亿年前。在这一时期，地壳发生强烈的构造运动。动物中的菊石类、原始爬虫动物，植物中的松柏、苏铁等在这个时期逐渐繁盛起来。

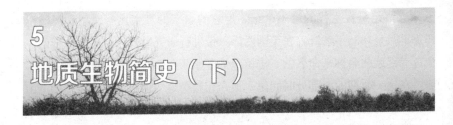

5
地质生物简史（下）

中生代包括三个纪。这个时期的主要动物是爬行动物，恐龙繁盛，因此也被称为爬行动物时代，或者恐龙时代。哺乳类和鸟类的祖先也在这一时期出现。无脊椎动物主要是菊石类和箭石类。植物主要是银杏、苏铁和松柏等裸子植物。

中生代的第一个纪是三叠纪，大约开始于2.5亿年前，结束于2.05亿年前。在这个时期，地质构造变化比较小，岩石多为砂岩、石灰岩等。动物多为头足类、甲壳类、鱼类、两栖类、爬行类。植物主要是苏铁、松柏、银杏、木贼和蕨类。

△ 贵州六盘水乌蒙山三叠纪地质公园

侏罗纪是中生代的第二个纪，约开始于2.05亿年前，结束于1.35亿年前。在这个时期，有造山运动和剧烈的火山活动。爬行动物非常发达，陆地上有各种各样的恐龙，空中有飞龙和翼手龙，海里有鱼龙和沧龙。植物中苏铁、银杏最繁盛。拜科幻电影《侏罗纪公园》等影视作品所赐，侏罗纪大概是名声最为显赫的一个纪了。

1822年，法国地质学家达洛瓦发现英吉利海峡两岸悬崖上露出含有大量钙质的白色沉积物，这恰恰是当时用来制作粉笔的白垩土，于是便以此命名了"白垩纪"。白垩纪是中生代的第三个纪，约开始于1.35亿年前，结束于6500万年前。这个时期，造山运动非常剧烈，我国许多山

△ 白垩纪假想图

脉都在这一时期形成。动物中以恐龙为最繁盛，但在末期逐渐灭绝。鱼类和鸟类很发达，哺乳动物开始出现。植物中被子植物开始出现，显花植物很繁盛，也出现了热带植物和阔叶树。

新生代是显生宙的第三个代，约从6500万年前至今。在这个时期地壳有强烈的造山运动，中生代的爬行动物绝迹，哺乳动物繁盛，生物达到高度发展阶段，基本和现代接近。后期有人类登上历史舞台。

古近纪是新生代的第一个纪（旧称老第三纪、早第三纪），约开始于6500万年前，结束于2300万年前。在这个时期，哺乳动物开始称王，除陆地生活的以外，还有空中飞的蝙蝠、水里游的鲸类等。被子植物繁盛。古近纪可分为古新世、始新世和渐新世三个时期。

新近纪是新生代的第二个纪（旧称新第三纪、晚第三纪），约开始于2300万年前，结束于260万年前。在这个时期，哺乳动物继续发展，形体渐趋变大，一些古老类型生物灭绝，高等植物与现代区别不大，低等植物中硅藻较多见。新近纪可分为中新世和上新世两个时期。

第四纪是新生代的第三个纪，即新生代的最后一个纪，也是地质年代分期的最后一个纪。约开始于260万年前，直到今天。在这个时期，曾发生多次冰川作用。动画电影《冰河世纪》就是表现的这个时期。第四纪初期开始出现人类的祖先（如北京猿人、尼安德特人），地壳及大地面貌也与现代更为接近。第四纪可分为更新世和全新世两个时期。

更具体的科学研究里，"世"下还分"期"，比如全新世可以分为前北方期、北方期、大西洋期、亚北方期和亚大西洋期五个时期。因此，按照地质史，现在应该是新生代第四纪全新世亚大西洋期。

6 寒武纪生命大爆发

"寒武纪生命大爆发"是古生物学和地质学上的一大"悬案"。

大约6亿年前的寒武纪，绝大多数无脊椎动物在几百万年的时间里突然"同时"出现，这一现象被古生物学家称作"寒武纪生命大爆发"，简称"寒武爆发"。

△ 寒武纪时期的海底复原图

寒武爆发究竟是真是假呢？从出土的动物化石分析，生物学们形成了两种基本观点：

一种观点认为，寒武爆发是一种假象。这种观点认为，由于进化是渐进的，所谓的"爆发"只是表明首次在生物化石记录中发现了早在寒武纪前就已经广泛存在并发展的生物，其他的生物化石群则可能由于地质记录的不完全而"缺档"。

△ 寒武纪海底一隅复原图

另一种观点认为，寒武爆发代表了生物进化过程中的真实事件，这就需要解释为什么会发生寒武爆发。

1965年，美国两位物理学家提出了氧气假说，认为是地球大气的氧含量大量增加促使生物"爆炸性"进化。但研究表明，大约在距今10亿年至20亿年之间的沉积层中含有大量严重氧化的岩石，这说明在这一时期内已经存在足够的氧气，因此氧气假说不成立。

也有生物学家则从生物本身的生态关系来探讨这一问题。

从化石资料来看，真核藻类大约在9亿年前出现了有性生殖。有性生殖的出现在整个生物界的进化过程中有着极其重大的作用，由于有性生殖提供了遗传变异性，从而有可能进一步增加生物的多样性，这是造成寒武爆发的原因之一。

"生物收割者假说"是美国生态学家斯坦利提出的。他认为在寒武纪前25亿年的大多数时间里，海洋是一个以原核蓝藻这样简单的初级生产者所组成的生态系统。由于生存空间被这种种类少但数量大的生物群落几乎完全占据着，所以它们的进化非常缓慢，从未有过丰富的多样性。寒武爆发的关键是草食收割者的出现和进化，即食用原核蓝藻的原生动物的出现和进化。它们促使生产者（原核蓝藻）进化出更多的类型，丰富了生产者的物种多样性，而这种生产者多样性的增加又导致了更特异的收割者的进化。

对于"收割理论"科学家们目前还没有找到直接的证据来证明其正确性，然而，一些间接的证据支持了这一理论。研究表明，在一个人工池塘中，放进捕食性鱼，会增加浮游生物的多样性；从多样的藻类群落中去掉海胆，会使某一藻类在该群落中占统治地位而使物种多样性下降。

在《物种起源》的最后，达尔文特意提到了寒武爆发，说如果这一问题不能得到很好的解决，将严重影响到进化论的正确性。进化论的反对者也喜欢用寒武爆发来否定进化论。事实上，达尔文受赖尔的影响，过于强调了进化的渐进性，忽视了进化也存在突变的可能，后世的进化论研究者已经修正了达尔文的这一错误观点。不过，寒武纪生命大爆发并不影响进化论的成立。

作为历史谜题，寒武爆发一直为人们所关注。随着化石的不断发现及新理论的建立，这一谜团最终将大白于天下。

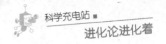

7
无脊椎生物基因突变导致寒武爆发?

对于寒武纪生命大爆发还有一种说法,大约在5亿年前的寒武纪,在海底有一个无脊椎生物连续经历了两次成功的DNA复制——这是一次"程序错误",或者说是基因突变,但是这个"错误"却意外地触发了其他生物的出现,包括人类。它的后代继承了原本应当只复制一次的基因组。而在后来的几代中,这一错误反复发生,基因数量多次翻倍,有性生殖就此出现。

有性生殖的生命体一般拥有两份基因,分别遗传自父方和母方。最初,这种复制非常不稳定,绝大部分被复制的基因都很快丢失了,但确实有一小部分幸存了下来。这样的基因复制现象也同样存在于植物演化过程中。因为采用这种新方法繁殖的后代在自然界中的适应性和生存能力显然更强。

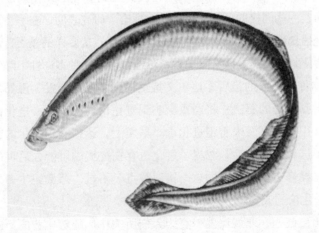

△ 文昌鱼

　　世界上最初携带这一基因组的生物究竟是什么，目前仍然无从知晓。科学家认为，现在生活在海中的文昌鱼似乎和这种早期无脊椎生物基因错误复制之前的状态相当相似。因此，文昌鱼可以被视作是今天所有无脊椎动物的非常古老的姐妹。

　　这种被一路继承下来的蛋白质似乎已经经过演化，它最终形成一个"小组"，相比单个蛋白质的情况，这种蛋白质组能生成更多的生长因子。因此在人体细胞内部的这一系统的行为就像是一套信号多路分发系统，跟我们的手机能同时处理多条信息的功能类似。

　　像这样的"团队合作"有时也并非一直是有益的。研究人员指出，如果某项关键性的功能是由单个蛋白质实现的，就像是在文昌鱼体内那样，那么这一蛋白质的丢失或突变将会是致命的。而蛋白质进行"团队工作"后，即便其中的一个甚至几个出现丢失或变异，这个个体也有较大几率存活下来，尽管可能会有一些身体功能上的障碍，但也不至于致死。这种缺陷可以解释疾病的发生，如糖尿病、癌症等这些让人类深受其苦的病症。

　　在Ⅱ型糖尿病中，作为对胰岛素的反应，肌肉细胞失去了吸收糖的能力；与此相反，癌细胞则是贪得无厌，完全打破规则，肆意抢占其他细胞的营养，疯狂生长。这项研究工作加深了人们对于控制细胞行为的信号机制演化进程的研究。

　　事实上，上述解释寒武爆发的说法正是科学家在研究糖尿病的过程中得出的。当时，研究组对人体细胞内数百种不同的蛋白质进行研究，考察它们对生长因素和胰岛素的反应情况。在这一过程中涉及的关键性蛋白质被称作14-3-3。在这项研究工作中，科学家们对这些蛋白质进行制图、分类并展开生物化学分析。正是在这一过程中，他们回溯到了最初基因复制出现错误的时期，回溯到了5亿年前的寒武纪。

　　想想，如果没有那次基因突变，就不会有现在的生物世界。

　　当然，这种解释寒武纪生命大爆发的说法还有待验证。

8
埃迪卡拉动物群

1947年，古生物学家斯普里格在澳大利亚南部的埃迪卡拉地区的庞德砂岩层中发现了一个庞大的化石群。随后进行了深入细致的研究，采集到几千块化石。斯普里格惊讶地发现，它们同现在已知的任何一种生物都不相似。

1960年召开的第22届国际地质会议正式命名该化石群为"埃迪卡拉动物

△ 埃迪卡拉标志性化石

群"。在1974年召开的国际地质科学联合会巴黎会议上，一致肯定埃迪卡拉动物群生存的年代为6亿~6.8亿年前，为前寒武纪晚期。这是目前已发现的地球上最古老的后生动物化石群之一。埃迪卡拉动物群的发现和研究，大大地促进了古生物学的发展，也纠正了过去认为无脊椎动物在寒武纪初期才发生的观点。有的学者推算，后生动物群很可能起源于9亿~10亿年前。

埃迪卡拉动物群包含3个门，22个属，31种低等无脊椎动物，包括腔肠动物、环节动物和节肢动物。

埃迪卡拉动物群的组成说明它们生活于海洋环境，从沉积物来看说明是浅海，大概只有6~7米的深度，并距海岸很近。在这样的环境下，蠕虫状动物可在海底砂石中钻洞或在砂石上觅食。大多数水母是从开阔海

⚠ 埃迪卡拉标志性化石

洋漂浮而来的。一些狄更逊水母在它们被埋藏的地方显示了收缩与扩张。还有一个种有许多处于不同生长阶段的个体，这说明它们生活的地方与埋藏的地方很近。

埃迪卡拉动物群可分为辐射状生长、两极生长和单极生长3种类型。除辐射状生长的类型中可能有与腔肠动物有关的类群外，其他两类与寒武纪以后出现的生物门类没有任何亲缘关系。

埃迪卡拉动物群奇怪的形态令许多学者相信，它们是后生动物出现后的第一次适应辐射。它们采取的是不增加内部结构的复杂性，只改变躯体的基本形态，变得非常薄，呈条带状或薄饼状，使体内各部分充分接近外表面，在没有内部器官的情况下进行呼吸和摄取营养。

从化石上可以看出，这些生物已具有了高度分化的组织和器官，说明它们已不是最原始的类型。因此，可以认为埃迪卡拉动物群是后生动物大规模占领浅海的一次尝试，结果以失败而导致灭绝。在后来的演化过程中，动物采取了第二种方式，使内部的器官复杂化和物种多样化的发展，即现代大多数生物采取的保持浑圆或球形的外部形态的同时，进化出复杂的内部器官来扩大相应的表面积，如肺、消化道等。

埃迪卡拉动物群充分展示了进化的各种可能性——生命会倾尽全力，尝试各种生存方案，直到找到最为合适的那一种。

9
布尔吉斯动物群

　　1909年8月，美国科学家维尔卡特带领全家到加拿大落基山脉的布尔吉斯山进行野外地质旅行。在回来的路上，一块石头绊倒了他夫人的坐骑，维尔卡特捡起这块作怪的石头，奇迹出现了，一块保存有软体动物的化石呈现在维尔卡特面前。

　　他发现了中寒武纪三叶虫和像蠕虫那样的动物软体的压印化石。第二年夏天，维尔卡特又进行了大规模的发掘，得到了许多无脊椎动物化石：有像水母、海葵那样的腔肠动物，有的像环节动物，也有像海参那样的棘皮动物……同时，维尔卡特发现节肢动物是该动物群的

△ 布尔吉斯动物群

优势种群，另外海绵、蠕虫、腕足动物、棘皮动物，甚至脊索动物等的软体都有保存。最难得的是，这些生物大多数是生活在深海的。后来，维尔卡特把这些动物称为布尔吉斯动物群。

　　经过大规模的发掘、采集和研究后，布尔吉斯动物群发现了大约119属140种动物，给当时科学界造成极大的震撼。布尔吉斯动物群生活的时代正好是中寒武纪（约5.15亿年前），也就是我们常说的寒武纪生命大爆发时期。它使科学家第一次清楚地认识到，在寒武纪时期，海洋中具有骨骼化的动物仅仅占少数，绝大多数是软体动物，纠正了人们对寒武纪仅存有三叶虫等少数节肢动物的错误认识。

◁ 布尔吉斯动物群发掘现场

在布尔吉斯细纹层的页岩中有大量软体保存为黑色有机质膜，软体部分如肌肉和矿化程度较低的骨骼细节都被很好地保存了下来。软体保存的原因通常解释为海洋或陆地浊流的快速埋藏及对生物的快速杀死作用。

最初曾有人认为是黏土在生物软体表面的附着作用使软体得以保存，但有实验发现黏土的颗粒太大，几乎不可能均匀黏附到生物体表面并将其结构长期保存。于是就有人解释是细菌活动产生的铁离子首先黏附到了生物体表面并最终保存其结构。

但是，布尔吉斯生物群的化石也有一个缺点，就是软体的保真度不是很高，因此对生物多样性的恢复存在偏差。同时由于地质保存上的缺陷，布尔吉斯动物群化石没有立体的层面，很多的动物形态只能依靠推测。

1981年，加拿大布尔吉斯动物群被联合国教科文组织批准为"世界文化遗产遗址"，成为全世界古生物学者关注的圣地。

△ 布尔吉斯动物复原图

10
澄江动物群（上）

△ 澄江动物群复原图

1984年6月，南京地质古生物研究所的学者侯先光已在野外连续工作了二十几天。7月1日这天，他在云南省澄江县帽天山西面山坡上进行系统采样工作。在发现两个不寻常的化石之后，一种之前仅见于加拿大布尔吉斯页岩中的节肢动物化石——纳罗虫，赫然出现在岩石的新劈面上。随后，他又陆续发现了多个之前未曾发现并且软体保存完好的化石，包括林桥利虫、鳃虾虫、日射水母贝、帽天山虫等。通过后续的调查与研究，侯先光还发现了许多新类别的化石。距今约5.3亿年的"澄江动物群"就这样被意外地发掘了出来。

在澄江地区，科学家们已经陆续采集到130余种化石。澄江动物群以软体化石的罕见完整保存为特色，现已发现并描述的澄江动物群化石分属多孔动物门、刺丝胞动物门、栉板动物门、线形虫动物门、曳鳃动物门等16个动物门，以及十余个仍然不明种属的化石。有些动物现在还能见到，而有些动物，则已经消失在5亿多年的沧海桑田里。

"澄江动物群"千姿百态，栩栩如生，是目前世界上所发现的最古老、保存最好的一个多门类动物化石群。澄江动物化石群的发现，引起世界科学界的轰动，被称为20世纪最惊人的发现之一。澄江动物群精确记录了寒武纪早期生物大爆发的史实，不仅为"寒武爆发"提供了科学事实，同时修正了达尔文的进化论。

在古地理的重建研究上，科学家认为在早寒武纪时期的云南东部地区，当时是位于扬子地台的西南缘，属于热带浅海。至于澄江动物群化石仍然保存细致软体构造的原因，有学者根据沉积学的观察认为是风暴所引起浊流的快速掩埋，而快速掩埋的大量泥质沉积物

△ 澄江动物群复原图

可能来自陆地的大风暴；有的学者依据地层中夹有数层火山灰沉积的现象，认为化石的快速掩埋可能与火山喷发有关。

以前所知道的最古老的保存软体的生物群是中寒武纪的加拿大布尔吉斯页岩动物群，它比早寒武纪生物大爆发要晚1000多万年。因此，加拿大布尔吉斯页岩动物群不可能指出地球上最古老的动物都是些什么。在现代海洋中，70%以上的动物物种和个体实际上都是由软组织构成的，因而极少有形成化石的可能。澄江动物群的发现，使我们如实地看到了地球海洋中最古老的动物原貌，使我们认识到，自寒武纪生物大爆发时，地球海洋中就生活着纷繁众多、生态各异的动物。

澄江动物群化石保存在细腻的泥岩中，动物的软体附肢构造保存精美，且呈立体保存。通过澄江化石的研究，我们完全能够修正某些同类动物群原先的错误研究观点。如布尔吉斯页岩叶足动物门的怪诞虫，科学界一直把它作为不可思议的怪物。研究澄江动物群同类化石后，证明原来是把怪诞虫的背部和腹部弄反了。按照澄江化石重新建构的怪诞虫，其实也不怪诞了。如果没有澄江动物群，可能我们对这些动物的认识永远是错误的。

11 澄江动物群（下）

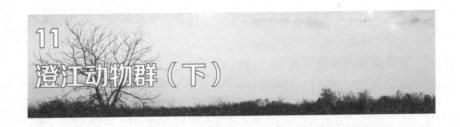

节肢动物是动物界中最庞大的一类，但是关于节肢动物的原始特征以及各类群之间的关系，科学界对其了解很少。澄江动物群让我们对节肢动物的分类关系和原始特征有了一个较为清楚的认识。澄江节肢动物具有一个非常原始的体躯分化，例如现代虾大约有18个不同类型的体节，而澄江节肢动物

△ 澄江动物化石

仅有3或4个体节。这充分体现了随着时间的推移，节肢动物体节特化而行使不同功能的演化趋势。

澄江动物群中，双瓣壳节肢动物多种多样，小者1毫米左右，大者可达100毫米以上，许多种类保存有完美的软体附肢。研究证实，相似壳瓣却包裹着十分不同的软体和附肢。因此，它们的壳瓣不能作为分类和相互关系的依据，因为壳是趋同演化的结果。同是双瓣壳节肢动物，它们可以分属于不同的纲。因此，澄江动物群为我们研究早期生命起源、演化提供了宝贵的证据。

澄江动物群向人们展示了各种各样的动物在寒武爆发时出现的样貌。这些动物几乎囊括了现在生活在地球上的各个动物门类，并且都处于一个非常原始的等级，只是在后来的演化中，各个不同类群才演化为

一个固定模式。比如现在所有昆虫的头部体节数量都是一样的，而原始的节肢动物头部体节的数量变化则相当大（从1节到7节）。

从形态学的观点来讲，早寒武纪时期动物的演化要比今天快得多。新的构造模式或许能在"一夜间"产生，门和纲一级的分类单元特征所产生的速度或许就如我们现在认为的种所产生的速度一样快。达尔文认为，较高级的分类范畴是生物种级水平演化慢慢堆积的结果，依次达到属、科、目、纲和门级水平。澄江动物群证明这种说法是错误的。它给我们提供了动物高级分类单元快速演化的证据。

△ 澄江动物化石

同时，澄江动物群还给我们提供了一个完整的古老海洋生态群落图。现在，我们不仅知道了在寒武纪生命大爆发时期产生了哪些动物，还初步了解了不同动物的生活方式和食性。澄江动物群或许还能帮助我们了解寒武纪生命大爆发中生物演化的原因，以及诱发这种大爆发的因素。

2012年7月1日，澄江化石正式被列入《世界遗产名录》，成为中国第一个化石类世界遗产，填补了中国化石类自然遗产的空白。

12 物种大灭绝

化石记录表明，从5.7亿年前多细胞生物在地球上诞生以来至现在，物种大灭绝现象已经发生过5次。

地球第一次物种大灭绝发生在4.4亿年前的奥陶纪末期，是地球史上第三大物种灭绝事件，约85%的物种灭亡。

古生物学家认为这次物种灭绝是由全球气候变冷造成的。在大约4.4亿年前，现在的撒哈拉所在的陆地曾经位于南极，当陆地汇集在极点附近时，容易造成厚厚的积冰，奥陶纪正是这种情形。大片的冰川使洋流和大气环流变冷，整个地球的温度下降，冰川锁住水，海平面也降低，原先丰富的沿海生物圈被破坏，导致85%的物种灭绝。

△ 在奥陶纪灭绝的各种苔藓虫复原图

地球第二次物种大灭绝发生在约3.65亿年前的泥盆纪后期，历经两个高峰，中间间隔100万年，是地球史上第四大物种灭绝事件，海洋生物遭到重创。

地球第三次物种大灭绝发生在约2.5亿年前的二叠纪末期，估计地球上有96%的物种灭绝，其中90%的海洋生物和70%的陆地生物灭绝，是地球史上最大也是最严重的物种灭绝事件。这次大灭绝使得占领海洋近3亿年的主要生物从此衰败并消失，让位于新生物种，生态系统也获得了一次最彻底的更新，为恐龙类等爬行类动物的进化铺平了道路。科学界普遍认为，这一次大灭绝是地球历史从古生代向中生代转折的里程碑。

其余几次物种大灭绝所引起的海洋生物种类的下降幅度都不及其三分之一，也没有使生物演化进程产生如此重大的转折。

第四次物种大灭绝发生在1.95亿年前的三叠纪末期，估计有76%的物种，其中主要是海洋生物在这次灭绝中消失。这一次灾难并没有特别明显的标志，只发现海平面下降之后又上升了，出现了大面积缺氧的海水。

第五次物种大灭绝发生在6500万年前的白垩纪末期，是地球史上第二大生物大灭绝事件，约75%~80%的物种灭绝。在五次物种大灭绝事件中，这一次大灭绝事件最为著名，因长达14000万年之久的恐龙时代就此终结，海洋中的菊石类也一同消失。第五次物种大灭绝消灭了地球上处于霸主地位的恐龙及其同类，并为哺乳动物及人类的最后登场提供了契机。

△ 恐龙复原图

这一次灾难来自于地外空间和火山喷发。在白垩纪末期发生的一次或多次陨星雨造成了全球生态系统的崩溃。陨石的撞击使大量的气体和灰尘进入大气层，以至于阳光不能穿透，全球温度急剧下降，这种黑云遮蔽地球长达数年之久，植物不能从阳光中获得能量，海洋中的藻类和成片的森林逐渐死亡，食物链的基础环节被破坏，大批的动物因饥饿而死，其中就有恐龙。

有很多科学家认为，地球正在经历第六次物种大灭绝。

这一次物种大灭绝的原因，是人类活动的结果。由于生态环境被破坏、环境污染、现代工业的恶果、迅速增长的人口等原因，致使每天都有几十种动植物灭绝，而且数以千计的动植物已经灭绝。像这样下去，某一天地球会只剩下人类孤零零地生存着。不过这一天也许永远不会到来，因为在地球彻底不适合居住之前，人类恐怕早已经灭绝了。

13
二叠纪末期的生物毁灭

当我们回顾整个地球历史，自有生命以来地球经历了至少5次大规模的生物灭绝事件，每一次都带走了无数地球生命。而在这其中，发生在2.5亿年前的二叠纪末期的生物灭绝事件无疑是最残酷的。

据科学家统计，有多达90%的海洋生物和70%陆生生物在二叠纪末期惨遭灭绝。要知道，即

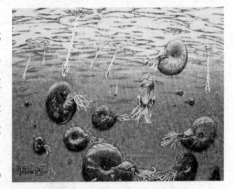

△ 二叠纪生物复原图

便是为众人所熟知的白垩纪"恐龙灭绝"事件，其规模也仅仅相当于这次灭绝事件的三分之一。那么，究竟是什么导致了这次地球生命的"大清洗"事件呢？科学家们运用各种手段对二叠纪末期的岩石进行研究，挖掘其中蕴藏的信息，以获悉到底发生了什么。

早在上个世纪90年代，科学家在西伯利亚的冻土层下面发现了绵延数千千米的火山岩，这一套岩石被称为"西伯利亚大火成岩省"。火山岩的形成与火山和岩浆有着最直接的关系。也就是说，在很多年前的西伯利亚，连绵数千千米的地壳被火山熔岩撕裂，岩浆如洪水般地涌出，在数百万平方千米的土地上肆虐蔓延，并最终造就了这一大套火山岩。科学家们通过进一步研究发现，这次巨大的火山喷发事件发生在大约2.5亿年前，前后延续了100多万年。

随着进一步研究，科学家们在中国西南的峨眉山和印度西北的潘加也都发现了大规模的大火成岩省，这些火山岩经过鉴定也产于2.5亿年前

△ 火山喷发

左右，与西伯利亚大火成岩省基本形成于同一时期。这些大规模的火山喷发事件恰好与二叠纪末期的生物大灭绝事件在时间上非常吻合。于是科学家自然就考虑，这些火山喷发事件跟生物灭绝事件会不会有什么关系呢？

科学家们对现代和古代的一系列火山喷发事件进行了研究，了解到大规模火山喷发会对全球气候产生巨大的影响。科学家们认为，持续不断的火山喷发会把大量火山气体和火山灰带进地球大气。一方面，大量的火山灰喷入空中，进而弥散到全球各个地区，它们会遮挡阳光的照射，这样就阻碍了植物的光合作用，从根本上破坏了整个地球的生物链；另一方面，火山喷出的二氧化碳气体通过长期的积累，必然造成温室效应，使地球温度持续上升；再就是火山还喷出大量二氧化硫和硫化氢等气体，这些气体有剧毒，可以直接毒害生物，还与空气中水蒸气结合形成酸雨，落到地表和海洋中，造成生态环境的极大破坏。

科学家利用这些理论提出了二叠纪末期全球生物大灭绝事件的"火山成因说"。

当然，关于二叠纪末期生物灭绝事件的猜测绝不仅仅局限于我们上面描述的这种假设。科学家们基于不同的证据，还提出了许多其他的假说。无论最初是哪种原因引起的，但归根结底都造成了生态环境的巨大变化，从而最终导致生物大灭绝事件。

14
眼睛的故事

　　眼睛的功能是任何最高级的照相机都无法企及的。可是，眼睛的各部分以及它与大脑的联系等怎么都那么凑巧地同时进化到这样准确的程度，使眼睛有正常的功能呢？

　　事实上，并不是所有的动物都长着像人眼一样复杂的眼睛，而是像达尔

△ 苍蝇的复眼与人眼的结构完全不同

文所说的，自然界存在着从非常不完善且简单的到完善且复杂的许许多多不同类型的眼睛，它们都是其拥有者生存所不可或缺的。

　　进化论者推测眼睛是这么进化来的：

　　最初的眼睛只是一个由感光细胞组成的平面的眼点，只能感受一个方向的光，就像某些原生生物。在长期的进化过程中，感光细胞逐渐凹陷，增加了感光面积，可以感受不同方向的光，提高了视觉的准确度，而且可以防止感光细胞受损伤。这个凹陷越陷越深，最终成为理想的半球

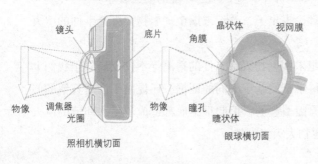

△ 人眼与数码相机的结构类似

形，就像扁虫的眼睛。

然后，眼睛的开口开始收缩，形成了"光圈"，并且眼睛里有了透明的胶状物，避免泥沙进入眼眶内，进一步保护眼睛。随着眼睛的开口逐渐收缩，"光圈"也越来越小，进一步提高了视觉的准确度，直到变成了一个针孔照相机似的眼睛，可以把光线聚焦在感光细胞上，就像鹦鹉螺的眼睛。

接下来，眼睛的开口必须用透明的膜封起来进一步保护眼睛，实际上这一层膜可以在任何时候出现，甚至可能眼点一开始就有透明膜的保护。透明膜也并不是那么难拥有的，它可以从身体的其他部分变来。这层透明膜越来越厚，成了晶状体。为了使成像越来越精确，晶状体将逐渐往里移动，逐渐变厚，并通过改变组成晶状体蛋白质的比率使它的不同地方有不同密度，以纠正像差，终于形成了复杂的眼睛。

生物学家在研究了不同动物眼睛的结构之后，发现它们共采用9种不同的光学结构，而且每一种结构都出现了不止一次。眼睛在动物界至少独立进化了40次，可能多达65次。

像眼睛这样的复杂器官也是可以用自然选择来解释，并不需要上帝来设计。事实上，

△ 盲鱼的眼睛能感受到光的存在

如果我们仔细研究眼睛的结构，就会发现它并非像我们想象的那么"完善"，而存在许多"设计"缺陷，甚至是非常愚蠢的"设计"。近视眼、老花眼、散光、白内障等，种种眼睛问题困扰着我们，任何一个工程师都不会做那样的设计，更不要说上帝了。有缺陷的眼睛正好可以证明进化论的正确性，眼睛的缺陷是在进化的过程中各种因素相互妥协的结果。

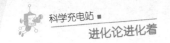

15
鲸鱼是怎样进化来的？

在1859年第一版的《物种起源》里，达尔文推测道："我毫无困难就可以理解：有一类熊，自然选择提供它们更多的水生结构和习性，它们的嘴变得越来越大，直到变成像鲸鱼那样的一种古怪的动物。"

这个想法并没有在公众中得到承认。为此，达尔文受到了嘲笑而十分尴尬，游泳熊的这一章，在这本书以后的版本中被删除了。

科学家们现在知道达尔文的这个思想是正确的，可是用错了作为例子的动物：他的眼睛不应该只盯在熊身上，与之相反，他应该去寻找奶牛和河马。

1960年，范威伦在美国纽约自然史博物馆研究原蹄类化石期间，意外地发现几个已知鲸类化石的牙齿有三丘齿，与原蹄目的肉食动物"中爪兽"极为相似。他还发现偶蹄类与原蹄类中的"北犬兽"有共同的牙齿特征，而北犬兽也是中爪兽的近亲。范威伦由此提出"鲸类源自中爪兽"的假说。

1979年，古生物学家金格雷希的小组在巴基斯坦北部的喜马拉雅山丘陵地带，找到一个不完整的脑颅，似乎是个体形像狼的动物，可是带有一些鲸类独有的特征；与它同时出土的都是5000万年前的陆栖哺乳动物化石。金格雷希小组发现的是最古老、最原始的鲸，当年它必然要在陆地消磨一些时间，或者大部分时间都待在陆地上。金格雷希为它取名为"巴基鲸"，以此纪念化石出土的地方。

巴基鲸大约在5000

△ 巴基鲸复原图

万年前出现，而同一时间、同一地点也有中爪兽存在，鲸类从中爪兽或它们的近亲演化而来的看法，似乎越来越有事实依据了。

△ 陆行鲸复原图

1992年，美国俄亥俄大学医学院解剖系副教授泰维森领导的小组，在巴基斯坦北部4800万年前的海洋岩石中，找到了一具几乎完整的骨架，正巧介于现代鲸与它们的陆栖祖先之间。它的脚很大，尾巴强而有力，显然它的游泳本领高强，可是它的腿骨结实、肘腕关节可以活动，也表明了它能在陆地上行走。泰维森将它命名为"陆行鲸"，意指既能步行又会游泳的鲸。

此后，泰维森、金格雷希与其他学者发掘出许多化石，于是鲸类从陆地进入海洋的后续演化阶段，都有证据考察了。学者们得出的结论是：陆行鲸与它的亲属都是从陆栖的巴基鲸演化来的，后裔中有鼻子尖细的雷明顿鲸以及勇猛的原鲸。原鲸是第一种海栖的鲸，因此能从印度、巴基斯坦扩散到全世界。由原鲸再发展出体形像海豚的矛齿鲸，而长得像海蛇的龙王鲸与现代鲸可能都是从矛齿鲸演化而来的。

△ 原鲸复原图

16 猫科动物进化史

猫，神秘而优雅，不但惹主人喜爱，而且引起了科学家的强烈兴趣。科学家感兴趣的是：现代猫科动物在什么时候，在何处进化而来？又是因为什么原因，在什么时候离开起源地迁徙到其他大陆的？猫科动物有多少种类？它们之间的亲缘关系又是如何？

研究表明，全世界目前有3个亚科41种猫科动物。所有现存的猫科动物都起源于1800万年前生活在东南亚的一种类似于豹的捕食动物。科学家称之为"假猫"。豹系是第一种从"假猫"中分化出来的猫科动物。

现存的豹属猫科动物包括大型啸猫和两种中型豹，大型啸猫包括我们熟知的狮、豹、虎，也包括不那么熟悉的雪豹和美洲豹，共5种。之所以叫啸猫，是因为颈部支持舌头的舌骨没有完全骨化，因而能够咆哮。而两种中型豹——云豹和婆罗洲云豹——因为颈部不同的骨骼构造而不能咆哮。

△ 猎豹

大约过了140万年，金猫属分化出来。紧接着，狞猫属也分化出来。约800万年前，猫科动物进行了第一次洲际迁徙。那个时候气温很低，大量的海水冻结在南北极，海平面比现在低60米，非洲与阿拉伯半岛由红海一端的大陆桥连接着，而隔开亚洲和北美洲的白令海峡那个时候是陆地，大大方便了这次猫科动物的迁徙。此后，气候变暖，海平面上升，各个大陆的猫科动物走上了各自的进化之路。在美洲，虎猫属和猞猁属分别于800万年前和720万年前从原有种群中分化出来；670万年前，美洲狮分化出来。

这是第一次迁徙潮。

大约200万年前至300万年前，新的冰河期导致海平面又一次降低，南北美洲由巴拿马地峡连接起来。一批猫科动物抓住机会向南迁徙，来到还没有胎生哺乳动物的南美洲。这些凶猛、灵巧而致命的"入侵者"几乎消灭了所有的有袋类哺乳动物。同时，豹猫属和猫属也从美洲种群中分化出来，并且通过白令大陆桥回到了亚洲。

1.2万年前，冰河期消退，融化的雪水形成了巨大的洪水，使40种哺乳动物从北美洲消失。猫科动物中，只有猎豹逃脱了

△ 美洲狮

灭绝的命运。因为在那之前，一部分猎豹通过白令大陆桥回到了亚洲，继续往南，穿过整个亚洲之后进入了非洲。也就是说，今天我们看到的在非洲草原上驰骋的猎豹的老家，其实是在遥远的北美洲。

这是第二次迁徙潮。

8000年前至10000年前，在两河流域，游牧部落开始定居，并将吃剩的小麦和大麦囤积起来。这些粮食大量地被啮齿类动物偷食，而栖居在附近森林里的野猫喜欢吃这些谷仓窃贼，因此人们视其为朋友，进而豢养起来。这就是家猫的来历。家猫跟着人类的步伐如今已经遍布全世界。据估计，目前地球上有60亿只家猫，是唯一一种没有被世界环保组织列为稀有或濒危的猫科动物。

17
企鹅为什么不会飞?

企鹅是南极的象征，主要生活在南极地区。现存的企鹅大约有18种，体形最大的要数帝企鹅，身高120厘米，体重35千克；而生活在大洋洲南部和新西兰的小企鹅，体重大约只有1.4千克，但它们有一个共同的特征，就是善于游泳和潜水。那么，企鹅的祖先是什么样的，它们会不会飞行？目前，很多证据显示，企鹅似乎从祖先开始就不会飞行。

△ 南极帝企鹅

1887年，孟兹比尔提出过一个理论，认为企鹅有可能是独立于其他鸟类，单独从爬行类演变进化而来。企鹅的鳍翅不是由鸟类的翅膀演化形成的，而是由爬行类的前肢直接进化形成的，企鹅根本没有经历过飞翔阶段。后来，科学家们在南极发现了一种类似企鹅的动物化石，它高约1米、体重有9千克，具有两栖动物的特征。这个发现似乎印证了孟兹比尔的猜测。

1981年，日本也发现了一种类似企鹅的海鸟化石。专家认为，这是一种距今约3000万年的原始企鹅的化石，或许它就是现代企鹅的祖先。

在阿拉斯加、加拿大以及其他北部地区的悬崖上，生活着厚嘴海鸦。尽管企鹅与海鸦，一个生活在南半球，一个生活在北半球，但它们的骨骼形体却有许多相似之处，应该有一定的亲缘关系。因此，为了研究企鹅的进化史，近年来科学家们开始研究海鸦。

△ 海鸦与企鹅

海鸦靠翅膀推动自己在水中前进，搅起磷虾和浮游生物；它也会飞——不过飞得很糟糕。研究者们套捕海鸦，往它们身上注射示踪分子以记录其能量使用情况。他们还给海鸦装上传感器，以了解它们下潜了多深，以及在空中、水里、陆上各花费了多少时间。

结果显示，海鸦可不好当。这种动物飞行时每分钟消耗的能量比其他任何一种鸟都多。海鸦飞行时消耗的能量是休息时的31倍，而其他脊椎动物就算再勤快，也仅仅为25倍。

与飞行相比，海鸦在水里混得更好些，比许多鸟都高效，不过依然有值得提高之处。研究发现，相比同样大小的企鹅，海鸦游泳消耗的能量更多，这也从侧面说明企鹅放弃飞行能够提高其游泳效率。

如果海鸦多功能的翅膀变得像企鹅的鳍翅那样短粗，游泳就方便多了，因为短翅膀在水中阻力更小。不过飞翔就几乎不可能了，因为短翅膀难以维持飞行。

因此，科学家们猜测，企鹅的祖先应该是类似于海鸦那样的海鸟，既能飞行，又能游泳，但飞行与游泳需要的身体构造是不一样，不可能两样同样完美。大约在9000万年前，企鹅的祖先来到南极大陆，在这个冰天雪地的世界里，为了保存体温，它们必须在体内囤积大量脂肪，于是飞行就更加困难了，最后干脆放弃了飞行，专攻游泳。对于古代企鹅来说，这显然是个很好的选择，它们因此而长得更大、潜得更深、游得更快、在水里待的时间更长，这意味着它们能捕到更多、更大的猎物。企鹅就这样一步一步诞生了。

18
喉返神经：进化走的弯路

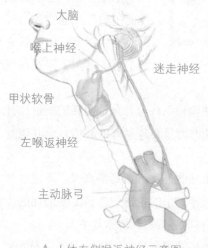

大脑

喉上神经

迷走神经

甲状软骨

左喉返神经

主动脉弓

△ 人体左侧喉返神经示意图

　　要证明进化论，最为形象的例子不是你同桌长得像大猩猩，而是我们脖子里那条迂回曲折的"喉返神经"。喉返神经是大脑控制咽喉运动的神经，我们说话和吞咽都离不开它。喉返神经"行走"不易：它从脑干伸出来，放着直达咽喉的近路不走，偏要往下延至心脏，绕过主动脉再折返回来。这一招"曲线救国"不可谓不"扣人心弦"。

　　如若人真是造物主所造，喉返神经当属其最糟糕的手笔。当然，人并不是凭空设计出来的，而是从远古的祖先进化而来。不仅如此，我们身上各个部分还自成派系，演化路线也是别有洞天。各部分依循的进化日程不一致，人体也没有办法，只能让一部分构造先进化，再带动后面那些进化迟缓的赶快进化。这种方式高效是高效，但不可避免地，人体内部也残存了许多不协调。喉返神经就是这样一个历史遗留问题——从脑子连到脖子，该修路的地方不修，偏要绕远铺路，兜了个大弯。

　　最初，鱼类的喉返神经走向与血管一致，都分布在鳃的部位，这时的构造很自然。随着生物不断进化，鳃部的血管位置逐渐后移。喉返神经跟血管是一派的，因此也只能老老实实跟着往后移；而原来另一端连着的鳃弓则进化成了咽喉。喉返神经也是身不由己——如果它独立出来，开个专线，自己的效率是提高了，但神经断开后生物的整体机能则会受损，机能受损的生物必定不会在进化中留存下来，真是"进化弄人"。

其实，进化不止是弄"人"，长颈鹿也被"弄"得很惨——这种可爱的长脖子小鹿的喉返神经足足绕了4.56米！

那么，长脖子动物的喉返神经最长能有多长呢？

最容易想到的自然是蜥脚类恐龙。这其中，超龙的喉返神经更是生生绕了28米。也就是说，超龙大脑发出的神经信号，要经过篮球场长边那么长的距离才能到达咽喉，控制咽喉进行吞咽等动作，真辛苦啊！

蜥脚类恐龙中的易碎双腔龙可能是地球上最长的恐龙，从嘴尖到尾端距离最长可达58米。我们无法确认易碎双腔龙的脖子有多长，但假设脖子长度是身体的1/3，按19米算，它的喉返神经能有38米长！

但凡四足动物（两栖类、爬行类、哺乳动物）都有喉返神经，这一遗传共性证明了四足动物是从鱼类进化而来的。科学家将喉返神经称为生物进化"效率低下的丰碑"。其实，走弯路的喉返神经又何尝不是进化史上的丰碑呢？

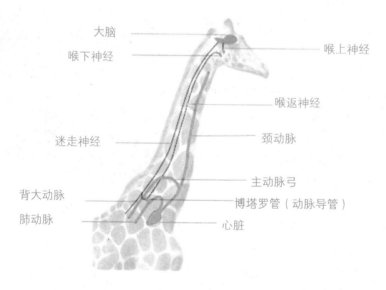

△ 长颈鹿的喉返神经示意图

19
佐证达尔文进化论的化石（上）

达尔文进化论的批评家经常指出，进化论缺乏化石证据。尽管化石在达尔文进化论发展过程中起到了重要的作用，但关键环节化石证据的缺失也曾令达尔文备感头疼。在随同"小猎犬"号环球航行过程中，达尔文也曾经在南美搜集了许多奇怪的哺乳动物化石，并思考物种在进化过程中的变化情况。

达尔文的同事和支持者们纷纷寻找关于古代生命在进化过程中变化的证据，同时反对者们也在论证进化论的正确与否。以下就是能够证明达尔文进化论的标准化石物种，这些奇怪的化石物种曾经让科学家们迷惑不解，不过最终也让他们对生命的进化历史有了更清晰的了解。

1. 始祖鸟

从表面上看，始祖鸟似乎刚好在恰当的时刻出现，从而证实了物种逐步进化的观点。这种远古动物证明，进化是一个经历了相当长时期的细微变化过程。很明显，始祖鸟是一种半爬行半鸟类的动物，它似乎恰好是达尔文所期望的那种证据。然而，达尔文在评估这种动物时仍然显得较为谨慎，他并没有把始祖鸟作为自己理论的直接证据，而只是将这种动物作为一个实例。

英国著名生物学家托马斯·亨利·赫胥黎是达尔文进化论的坚定追

△ 始祖鸟化石

随者。赫胥黎也对这一化石持谨慎态度，虽然赫胥黎也明显赞成如下假设：这种鸟是由较小的、恐龙状动物进化而来。尽管达尔文和赫胥黎心存疑虑，但始祖鸟仍然被认为是最早的鸟类，并在关于鸟类起源的猜想中发挥了重要作用。

2. 二齿兽

19世纪30年代，一位名叫安德鲁·吉德斯·拜恩的苏格兰年轻人开始在非洲的岩石中寻找化石证据。他最初发现了一些动物的头骨，这些动物似乎并不符合分类学的一些标准，尤其是一种"两齿"动物在两条巨大的尖牙之

△ 二齿兽化石

间还长有一个与海龟类似的那种喙。1844年，拜恩将这种动物的头骨带到了英格兰。著名的解剖学家理查德·欧文将这种动物定性为类似哺乳动物的异常爬行动物，并将其命名为"二齿兽"。随后，又有许多人将发现的怪异化石送到了欧文那里，欧文因此搜集了大量的爬行动物化石，这些动物似乎打破了向哺乳动物进化过程中的种类界线。

随着越来越古老的类似哺乳动物化石的发现，如在美国西南部发现的有帆状背的异齿龙和基龙化石，这些动物最终被认为是哺乳动物与爬行动物祖先之间的过渡类型。然而，它们并不是真正意义上的"类哺乳动物的爬行动物"，如异齿龙像爬行动物，但它们已经从爬行动物那里分离出来，而且比任何爬行动物更接近早期的哺乳动物。

20 佐证达尔文进化论的化石（下）

3. 三趾马

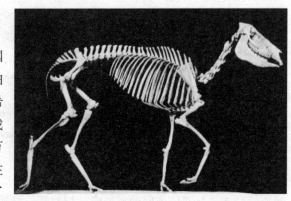

△ 三趾马化石

在《物种起源》发表后不久，法国古生物学家阿尔伯特·高德里开始在希腊皮克米地区寻找500万年前到2300万年前的动物化石。在那里，高德里发现了灵长类动物、古代长颈鹿、剑齿虎和其他一些怪异动物的化石，其中最重要的化石当属三趾马化石。然而，高德里自己并不赞同自然选择理论。他利用这些化石绘制了一棵马类进化树，其中三趾马代表了古代祖先与现代一趾马的中间进化阶段。其他一些科学家在高德里的带领下建立起欧洲马类进化的顺序：从古代的貘样祖先到三趾马，再到现代的马类。这种顺序后来被更完善的化石证据所取代。但问题是，古生物学家不断发现越来越多的马类，从小型的始祖马到现代马类的一条直线形进化图谱被广泛接受。然而，近期的研究工作打乱了这种直线式的图谱。正如人们现在所认可的，三趾马并不是马类进化到现代马的中间进化阶段。

4. 猛犸象

猛犸象已成为进化理论的标志性动物。在西伯利亚当地语言中猛犸原指一种地下怪物。1796年，法国博物学家乔治·古维尔将猛犸象的骨骼与现代生活的大象骨骼以及出土于美国的一块怪异化石进行了对比。

古维尔发现，猛犸象的骨骼完全不同，它们进化自一种独特的、已灭绝的大象。随着后来大地懒属动物和沧龙的发现，猛犸象被证实为一种完全不同的史前世界动物。直到最近古生物学家才搞清楚它们进化的图谱。

△ 猛犸象复原图

大约在250万年前，一种最早期的猛犸象——欧洲猛犸象开始向亚洲分散。但100万年后，这些猛犸象的一个群体开始分离出去，形成了一个新的物种，即通常所说的草原猛犸象。这两个物种一直并存生活，直到大约60万年前草原猛犸象才开始大规模地取代它们的祖先。与祖先一样，草原猛犸象也到处分散，又形成了两个新物种，即真猛犸象和哥伦比亚猛犸象。这些物种分化事件发生非常突然，新物种迅速出现并与原物种并存直到最终取代原物种。

5. 爪哇人

虽然达尔文在《物种起源》一书中尽量避免直接讨论人类的进化，但所有人都知道进化论适用于人类。然而在他完成这本著作时，还没有人类化石记录。直到19世纪60年代，穴居人骨骼化石才被发现并被科学界所认知，他们与人类的骨骼非常相似，距今约70万年至50万年。由于他们的遗骨发现于印度尼西亚爪哇岛，因此将他们俗称为"爪哇人"。在爪哇岛发现的这些人类化石包括一个头盖骨、一根股骨和一颗牙齿，一些细节表明他们似乎介于猿类和人类之间。

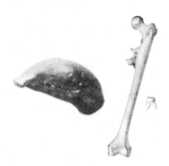

△ 爪哇人遗骨

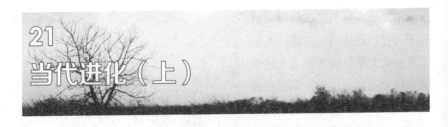

21 当代进化（上）

　　人类不知不觉使许多物种迅速地发生进化，一些物种为了生存下去而变得越来越弱小，这种由于人类干预造成的进化过程被称为"当代进化"，这种进化近几十年才被发现。

　　例如，大西洋的鳕鱼，上世纪60年代初到90年代初的30年里，从南拉布拉多到纽芬兰岛附近海域里的鳕鱼数量下降了99.9%，更令人不可思议的是鳕鱼的个头明显变小了。是什么原因让鳕鱼发生了这种变化？挪威海洋生物学家

△ 大西洋鳕鱼变小了

奥尔森带领小组成员分析了近30年的数据，得出一个惊人的结论：小鱼存活几率大！大鱼容易被捕捞，小鱼反而能逃过被捕杀的命运，这迫使鳕鱼的性成熟期大大提前，它们更早地产卵。由于基因不能完全遗传给下一代，鳕鱼一代不如一代，变得越来越弱小，产卵量也越来越少。尽管加拿大政府从1992年开始禁止在那一地区捕鱼，但鳕鱼的数量仍处在历史最低点。不仅是鳕鱼，其他海洋鱼类也有类似的情况。海洋学家警告说，如果不采取果断措施，总有一天，人类将不再有海货可吃。

　　"当代进化"还发生在加拿大的大角羊身上。加拿大的大角羊最引人注目的是公羊头上都长着一对奇大无比的角。这种巨大的角曾为它们带来好运，让它们在恶劣复杂的环境中得以生存，世世代代繁衍生息。可是，大角也给它们带来了厄运，它们的大角吸引了众多猎人。为了逃避

△ 大角羊的大角变小了

猎人的捕杀，大角羊的角越来越小。科学家解释说，猎人对成年公羊的过度捕杀"耗尽"了大角羊的遗传基因，它们因此发生了令人不可思议的进化，羊角大大缩小。

20世纪80年代，生物学家开始认识到，生物适应过程之快可能超过了他们过去的想象。例如，普林斯顿大学的科学家发现，加拉帕戈斯群岛的一个岛屿上有一种雀，嘴小的种群在雨水充沛的年份"人丁兴旺"，因为小籽植物非常茂盛，而嘴大的种群在较为干旱的年份占据优势，因为大籽植物成为主流。结果这种雀嘴的大小在快速地来回变换。

在美国西南的侧斑蜥蜴身上发现了同样的事情。雄蜥蜴会采用3种不同的基因决定求偶策略，每一种策略都伴有不同的颈部颜色变化。橙颈雄蜥蜴个大好斗，多半会欺负胆小的蓝颈雄蜥蜴，逼其让出雌蜥蜴；黄颈雄蜥蜴偷偷摸摸地假扮雌蜥蜴，在橙颈雄蜥蜴忙着四处出击的时候，偷偷捞取一些交配的机会，然而这种做法骗不了蓝颈雄蜥蜴，因为它们对自己的配偶看管甚严。结果变成了一场"风水轮流转"的进化游戏，每种求偶策略每隔四五年就会占据上风。

△ 侧斑蜥蜴

非洲东部的维多利亚湖有超过500种的鲷鱼，多数都是在1.5万年前分化出来的，而现在它们中的不少正在"合并"回同一种。原因是雌鱼要靠鲜艳的颜色来辨认同种类的雄鱼，而人类活动导致湖水变浑浊，让雌鱼经常选错对象，导致新种逐渐取代了原来的物种。

22
当代进化（下）

1990年，美国纽约石溪大学的生物学家迈克尔·贝尔偶然在阿拉斯加的一个湖中捕到了一些棘背鱼。湖里原有的淡水棘背鱼曾被清除干净，现在这些鱼显然是从海中迁移过来的。贝尔发现，在一些鱼身上，海水棘背鱼特有的骨板已经减小。至2007年，这里90%的棘背鱼都只有少量骨板了。曾被认为需要数千年的进化过程大约在20年间就完成了。

△ 尖音库蚊

研究发现，棘背鱼骨板的减少是一种名为EDA的基因发生突变所引起的。该突变也存在于海水棘背鱼中，但非常罕见。而在淡水棘背鱼中，骨板少的鱼具有生存优势，于是在自然选择的作用下这个突变迅速变得常见了。

虽然生物的迅速进化通常需要已事先存在的突变，但新突变也可能导致快速进化。例如，尖音库蚊由于一个基因扩增而出现了对有机磷杀虫剂的抗药性。

在适宜的条件下，新的物种也可以迅速产生。1866年，美国农民发现苹果遭到了一种未知蛆虫的攻击。昆虫学家发现，这种新害虫实际上是本地的山楂蝇分化出来的新物种。

这样的例子越来越多，美国缅因大学的迈克尔·金尼逊认为"快速进化"这个词存在误导，会使人们以为进化原本是缓慢的，他建议改用"当代进化"。但如果进化是快速的，化石与基因的证据为何显示进化是非常缓慢的呢？可能新物种和性状的确是迅速出现的，但它们也会迅速消失，结果在化石或基因上没有留下痕迹。

1977年，一场干旱让加拉帕戈斯群岛上的小种子植物几乎灭绝，以种子为食的地雀也大量死亡，而嘴较大的地雀由于适合吃大个种子而得

△ 加拉帕戈斯群岛的几种地雀

以生存下来。几代之后，地雀的嘴平均增大了4%。而在1983年之后，该地降水量骤增，种子较小的植物重新繁盛起来，地雀的嘴又重新变小，进化逆转了。

新物种形成同样也可以逆转。在圣克鲁斯岛上，地雀曾经分为嘴大小不同的两个物种，分别以不同的种子为食，但可能是由于人们投喂稻米造成太大或太小的嘴变得没有优势，现在多数地雀的嘴都是中等大小的。

除了环境的改变，物种之间的相互作用也会导致进化来回摇摆。此外选择压力的波动也可能导致生物种群快速向一个方向进化后又转回另一个方向，最后返回了起点。整个进化的图景已经和人们过去的认识有了根本的不同。人们以为进化在短时间内是感觉不到的，要经过数百万年积累成为大的改变才能被感觉到。实际上倒过来才对，生物会响应环境改变而迅速进化，只不过大多数改变都互相抵消掉了。进化不是缓慢地向某个方向前进，而是迅速地发生变异。

至于当代进化是好还是坏，科学界还存在争议。

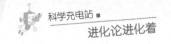

四　人的进化

也许是补偿心理在作怪，达尔文想把人类起源与进化的题目让给华莱士写，并答应免费提供相关资料。但没有想到的是，一向坚决拥护正统的生物进化理论，并自称比达尔文还坚持达尔文主义的华莱士，却不愿意把人纳入到自然选择的体系中来。他在人类的智力和灵魂等面前退却了，转而寻求上帝的帮助，变成了"唯灵论者"。

所谓唯灵论者，主张灵魂和精神是世界的本源。他们宣称，灵魂是唯一的，世界万物都是有灵魂的，连地球都是有灵魂的。所有万物的灵魂构成了一个"世界灵魂"，这就是上帝。所有一切小灵魂都被这个大灵魂罩着。

唯灵论并不新鲜，各国都有拥护者。

华莱士本来不相信唯灵论，可是1865年7月，他参加了朋友召集的降神会，亲眼目睹了"神灵"的工作，后来还在自己家里对一位著名的通灵人进行测试。这两件事将他击倒了，只好向唯灵论投降，并用推理的办法将唯灵论运用到进化论中来。

华莱士相信，人类具有独立于身体的灵魂力量，如若不然，很多现象就无法解释。比如，人类光滑白皙的皮肤就很不可思议，看不出有什么特别的好处，在自然选择中不应该占有优势，甚至可能是劣势。

华莱士认为人类过剩的智力在竞争中也没有多大用处，比如音乐和数学。他看不出这些才能在原始社会有什么用处。华莱士相信黑人的智力潜能与白种人不相上下，但为什么黑人没有从中得到好处，仍然生活在水深火热之中呢？这是因为，过剩的智力在自然选择面前不起作用。那同样智力潜能的白种人为什么那么能干呢？答案是：上帝的引导。

△ 人类进化过程

达尔文却不这样认为。

因为缺少化石资料，达尔文主要依靠他那强大的头脑开展推测工作。他认为，人类的祖先与大猩猩和黑猩猩的祖先有亲缘关系，而且很可能起源于非洲。这些推测基本上都已被现代考古学所证实。

达尔文相信人的智力也是一点点进化来的。他说：野蛮人和高级动物的智力存在很大的差异，但这种差异不是本质上的差异，而只是级别上的差异。人类的感情、直觉以及一些心理活动，都没有与动物拉开绝对的鸿沟。

道德的起源也不需要上帝的启示，原始人先进化出了基本的道德，才使得社会性的群居生活变成一种可能。此外，人的素质、良心和利他主义行为，也毫不例外地是选择和遗传的结果。这个问题研究起来虽然比较复杂，但还没有复杂到非请上帝出来的程度，完全可以在生物学的范围内加以解决。

达尔文没有把人类和动物分成两个截然相反的阵营。他认为，人类与动物的关系是连续的，也就是说，进化论不仅适用于其他生物，也适用于人类。

2 人类的起源

　　布封是最早提出"人猿同祖"概念的人。赫胥黎受《物种起源》的启发，于1863出版了《人类在自然中的位置》，从解剖学上论证了人类与灵长目动物存在的亲密关系。达尔文在1871年出版的《人类的由来及性选择》中，推测："人类起源于一种带毛的、长有尾巴和尖耳朵的哺乳动物。"达尔文还认为人类祖先最早生活在非洲。

　　事实证明，达尔文又对了。

　　关于现代人的起源，有两种理论：一种是"单一地区起源说"，这种理论认为现代人是某一地区的早期智人"侵入"世界各地而形成的，这个地区过去被认为是亚洲西部，近年来则变为非洲南部；另一种是"多地区起源说"，这种理论认为亚、非、欧各洲的现代人，是当地的早期智人以至猿人进化而来的。

▲ 南方古猿是已知最早的人类

　　"多地区起源说"认为，现代人没有一个共同的祖先，全世界的人类是分别单独进化的结果。在遥远的古代，他们呈"星状模式"各自在自己占有的区域范围内生息繁衍和进化，互相没有任何血缘关系，现代人不是同一物种。"多地区起源说"最大的支持证据是已经发现的遍布全球的不同年代的猿人遗址和化石。

　　然而，遗传学的结论告诉我们，只有同物种结合所生育的后代才有继续生育的能力，不同物种结合所生育的后代不再有生育能力。但是，今天全世界不同肤色的任何两个人种互相通婚，所生的后代再结婚，都具有正常的生育能力。这说明世界上所有人类是一个物种，有一个共同的祖先——这成了"多地区起源说"无法解决的问题。

"单一地区起源说"最早出现在达尔文的《人类的由来及性选择》中。在当时完全没有化石记录的情况下，达尔文天才般推测非洲是人类的起源地。后来，英国人类学教授艾利斯特•哈代爵士正式提出了"单一地区起源说"。

1987年，美国遗传学家从世界各地采集、提取了147名妇女的胎盘细胞线粒体DNA作分析，发现全世界各人种间的这类遗传物质基本相同，从而认为全世界人类属于一个物种。科学家还推算出，全世界的不同人种来自大约20万年前的同一位妇女——因为线粒体DNA只存在于母体细胞中，而且，经和各地猿人化石基因比对，发现这位女祖宗当年住在非洲！

△ "现代人"走出非洲

另外，对全球人类的科学调查显示，全世界人类的基因图谱完全一样，任何人的染色体数都是相同的，都是23对（46条），总长度均为33亿个碱基对，无一例外。因此，全世界人类包括中国人的远祖都在非洲。

由于至今全世界考古学家和古人类学家所发现、收集到的古猿化石遗物极少，还无法彻底了解古猿类与人类之间的关系，所以这个问题在国际上仍然争论激烈。此外，"海猿说""海陆双祖先复合说""外星人干预说"等几种说法虽然夺人眼球，但均缺乏具有说服力的证据。

3 人类与黑猩猩的差别

△ 黑猩猩是与人类最相似的动物

黑猩猩是与人类最相似的高等动物，研究表明，一些黑猩猩经过训练不但可掌握某些技术、手语，而且还能动用电脑键盘学习词汇，其学习能力甚至超过两岁儿童。基因组测序研究表明，人类与黑猩猩基因相似度约为98.5%，而两个人之间的基因最多相差1.5%，所以黑猩猩与人的相似程度令人惊讶。人同黑猩猩之间甚至可以互相输血。

人与猩猩之间基因差异虽然只有1.5%，但却包含了3000多万个点突变，有80%的基因尽管仅有一两处变异，但影响可能十分巨大。比如，人类FOXP2基因所制造的蛋白质作用于我们的语言能力，只有两个氨基酸与黑猩猩的相应蛋白质不同。此外，微脑磷脂基因和ASPM基因里的细微差别可能决定了人类与黑猩猩大脑尺寸的巨大差异。

但是，蛋白质的进化只是造就人类的部分原因，基因调控的变化同等重要——在生长过程中基因何时何地进行表达。关键性基因的突变很可能致命。

此外还有基因复制，由此可能产生多样化和具备新功能的基因族。西雅图华盛顿大学伊万·艾克勒的实验室找到了影响我们免疫系统、大脑发展等多个方面的基因族。艾克勒怀疑基因复制对人类新认知能力的进化起着作用，不过这也是有代价的，这样可能更容易发生神经紊乱。

复制错误就意味着整段的DNA被意外删除。别的基因段进入新的位置，或者病毒基因融入我们的DNA。人类的基因组包含26000多个这种所谓的基因插入或缺失，许多都和人类与黑猩猩之间的基因差异相关。

不过，即使取得完整的人类与黑猩猩之间的基因差异图也无法揭开人类独特性这个谜团。加州大学圣地亚哥分校的阿吉特·瓦基认为，造就人类的主要原因是代代传承的文化。他还认为，基因与文化的共同进化才是人类进化的主要力量，比如，众所周知，畜牧业牧民的后代善于消化牛奶蛋白。要解开人类特殊性之谜，我们必须了解基因组如何构建出身体和大脑，大脑如何创造文化，文化最终又如何反过来改变基因组。可见，揭开人类之谜依然遥远。

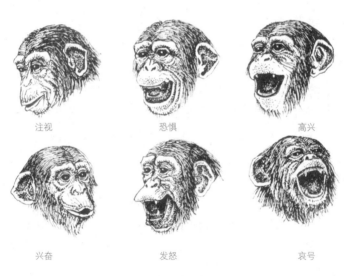

注视　　　　　　恐惧　　　　　　高兴

兴奋　　　　　　发怒　　　　　　哀号

△ 黑猩猩的表情非常丰富

4 人类的直立行走

达尔文曾提出，我们的祖先为了制造工具而第一次直立起来。现在我们知道这个说法不对，因为目前发现的最早的工具仅有260万年的历史，

△ 人为什么直立行走呢？

但是人类化石表明，至少在420万年前甚至可能在600万年以前，人就可以直立行走了。

伦敦自然历史博物馆的克里斯·斯特林格认为，虽然直立行走有很多优势，但是获得这种能力需要身体构造的改变，同时直立行走会使人变得缓慢、笨拙，平衡能力差。"直立可能在树上就开始了"，他指出，猩猩和其他灵长类动物在喂食的时候会在树枝上站起来。这符合我们所知的最早的两足动物的生活方式，但不能解释它们为什么进化出这种特有的骨骼。比如，400万年前，猩猩的小腿胫骨就垂直地支撑在其脚面上，但是现在则向外侧倾斜，即使那些经常站立的猩猩也是如此。

有一种颇有说服力的进化解释说，两足行走可以大幅度提高生存能力，因此一些人认为，进化成这样使得雄性可以获得更多食物，养活它们的伴侣和后代。美国亚利桑那州立大学坦佩分校的唐纳德·约哈森认为，这种说法的前提是一夫一妻制很早就出现了，但现在还没有足够的证据来支持这一说法。约哈森曾于1974年发现了"露西" —— 一个距今320万年的更新纪灵长类直立动物。他指出，早期原始人群中的雄性个头远比雌性大，在灵长类动物中，这一现象说明两性之间是竞争关系，而非合作关系。

约哈森说："归根到底还是这有什么好处？"一种可能是，活动范围更宽阔就能比别人获得更广泛的食物来源，寿命就更长，后代就更多。另外，两足行走得以把手解放出来拿东西，并且个头更高，更容易发现猎物。他说："好处可能一大堆。"并且两足行走可能反复出现过。这一切为约170万年前的第二阶段进化做好了准备，那时我们的祖先离开森林来到草原。也正是在这段时期，人类的身体构造发生了最伟大的变化——肩膀向后伸展，双腿变长，骨盆适应了直立生活。

人类为什么在这个时候突然就直立行走，原因很多。在开旷的草原上直立行走可以帮助人们更好地对付炎热，空气得以绕身体流动，同时身体暴露于阳光的面积最小，还增加了灵活性。牛津大学的罗宾·顿巴说："我认为归根结底是活动效率和活动距离。"直立行走使我们的祖先可以长距离行走，在草原上追踪猎物。一项研究甚至指出，我们适应长距离奔跑，不过对于成天坐在沙发上看电视的人来说，这个说法有点离谱。

⚠ 关于直立行走的漫画

5 早期人类技术发展十分缓慢

20年前，人们在埃塞俄比亚阿尔法地区干裂的河床里发现了尖锐的石片，这是目前为止所发现的最古老的工具，距今约260万年。之后，又过了大约100万年，我们的祖先才实现了人类下一个技术突破。后来，有人发现卵石本身也可以被加工成为工具后，便不再用河里卵石的碎片作为刀片或者刮片。大约又过了100万年，早期的现代人才完善了这项技术。那么，技术的发展为什么耗时如此之漫长呢？

人类的智力肯定起到了一些作用。在第一种工具出现之后的200万年里，古人类的大脑体积增加了一倍多，达到约900立方厘米。工具制作当然需要智慧，为了解石器工具的制作与人类大脑的哪些区域相关联，亚特兰大埃默里大学的迪特里希·斯托特用核磁共振成像技术对正在敲打石头的人的脑部进行了扫描。研究表明，早期的技术创新取决于一种新奇的知觉与动作能力——比如对关节的控制能力——但在后期，技术的发展转为依靠日益增长的认知复杂性，包括语言能力所必需的递归思维（从简单到复杂的思维模式）。

因此，尽管工具看上去并没有太大的进步，但人类认知的巨大发展是其产生的牢固基础，因此斯托特认为，人类在这段时间里的进步远比我们想象得大。他还认为，人类还可能以木材或动物尸骨为材料制造出其他的工具，只是早已腐烂掉了。

伦敦自然历史博物馆的克里斯·斯特林格说："即便如此，石器工具的进步看起来仍然缓慢得要命。"他在其《人类起源》一书中指出了另一个影响技术发展的原因——人口问题。他说："你知道什么并不重要，重要的是你认识谁。"当今世界人口众多，信息传递渠道很多，模仿者众多。我们的寿命较长，允许我们把思想一代一代地传承下去，但直立人和海德堡人的最长寿命大概只有30年，尼安德特人大概有40年。斯特林格说："他们必须很快长大成人，而且各群体之间联系极少。"

再者，即使不进行危险的探索，生存已然十分艰难，我们的祖先可能有意拒绝改变。斯特格林说："从事创造发明十分危险。"而英国雷丁大学的马克·帕格尔对此持怀疑态度，他认为，智人之前的古人类即便想要创新或者交流思想，也缺乏相应的能力。他用大猩猩来做对比，大猩猩也能够制作粗糙的石头工具，但技术上没有进步。他说，它们大多是通过反复尝试学会的，但人类则是通过相互观察来学习，并且我们知道哪些东西值得模仿。如果帕格尔是正确的，那么社会学习才是点燃技术革命的火花。

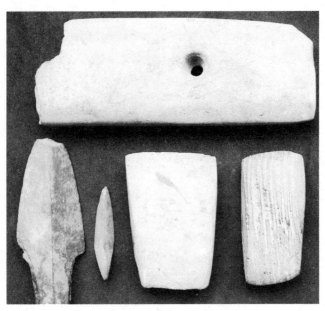

△ 新石器时代的工具

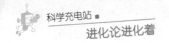

6 语言是何时出现的？

　　假如没有语言，人类进行思想交流或者影响他人行为就寸步难行，我们所了解的人类社会也将不复存在。语言这一奇特技能的出现是人类历史的转折点，但其具体出现的时间却很难确定。

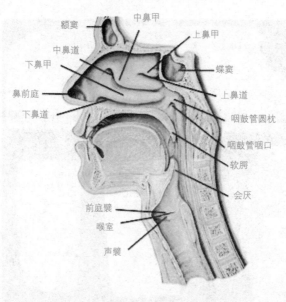

额窦　　中鼻甲
中鼻道　　　上鼻甲
下鼻甲　　　蝶窦
鼻前庭　　　上鼻道
下鼻道　　　咽鼓管圆枕
　　　　　　咽鼓管咽口
　　　　　　软腭
　　　　　　会厌
前庭襞
喉室
声襞

△ 人的喉部结构

　　我们知道，智人并不是唯一拥有语言能力的古人类。大约在23万年前的尼安德特人就有神经连接着舌头、隔膜和胸部肌肉，它们是发出复杂声音和控制说话呼吸节奏的必要组织器官。此外，尼安德特人和现代人共有FOXP2基因突变体，这种基因对于形成语言能力所需的复杂运动记忆至关重要。假设这种变异现象只出现过一次，那么大约在50万年前尼安德特人就有了语言能力。

的确有迹象表明海德堡人早在60万年前第一次出现在欧洲大陆的时候就已经具有语言天赋。骸骨化石表明，海德堡人失去了一种连接到喉头的球状器官，无法像别的灵长类动物那样，发出深沉的大吼来震慑对手。荷兰阿姆斯特丹大学的巴特·德·布尔说："这十分不利——海德堡人失去这一器官一定有某种原因。"他通过实验模型提出了这样一个观点：气腔会模糊元音之间的区别，难以形成发音清晰的词汇。

对于更古老的人类祖先，化石记录无法提供这么有说服力的证据。但是，牛津大学的罗宾·顿巴指出，隔膜和胸腔之间存在类猿神经连接的古人类最早出现于大约160万年前，说明语言能力的进化发生在160万年前到60万年前这段时间内。更为复杂的是，语言可能首先源于手势，然后才是声音言语。

此外，古人类有语言能力并不一定说明他能进行有意义的对话。顿巴认为，古人类的声音已经进化到在篝火边唱歌的水平。类似鸟鸣，古人类没必要发出有特定意义的声音，但这种行为对于维系团体至关重要。但斯特林格指出，海德堡人和尼安德特人制作了很多复杂的工具，还捕猎猛兽——至少应该有某种原始的语言，否则难以协调这类活动。

有关语言传递复杂思想的铁证只有在与智人相关的文化设施和象征符号里才能找到。但是，不管第一句话出现在什么时候，它都引起了一系列事件——改变了我们之间的关系、我们的社会和科技乃至于我们的思维方式。

7
人类的体毛哪儿去了?

灵长目动物中,仅有人类皮肤几乎完全裸露,而其他灵长目动物身上都有浓密的毛发。我们的体毛是在什么时候,为什么脱落,又是如何脱落的呢?科学家一直在探讨这个问题,但是要找到令人信服的答案并不容易,因为迄今为止发现的人类化石,都没有能留下关于人类皮肤进化的直接证据。不过,根据一些间接证据,科学家还是提出了一套令人信服的理论。

哺乳动物仅为保暖就需要耗费大量能量。毛发是天然的保暖层,但我们为什么弃之不用呢?最异想天开的解释是,几百万年以前,我们的祖先经历了一段水生时期,于是和鲸类动物一样,褪去了在水中隔热性很差的毛发。有评论说,要想在水中保暖,需要体圆脂厚,而不是肢体纤细。更麻烦的是,"海猿"说缺乏化石证据的支持。

现在流行的说法是,由于温度过高成为当时人类的主要威胁,所以我们褪去了毛发,并且是为了凉爽。伦敦自然历史博物馆的克里斯·斯特林格说:"我们不像大象那样能靠喘气和扇大耳朵来散热,我们唯一降低体温的方法是流汗,如果有厚厚的毛发,散热效率就太低了。"

在荫蔽的森林里,厚毛并不是什么大问题。可是当我们的祖先迁徙到更广阔的地方时,物竞天择的规律就偏向于毛发稀疏的个

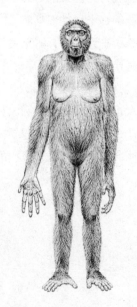

△ 复原的人类祖先"艾迪"

体，因为这样能更好地让空气在流汗的身体四周循环，帮助降温。但是出汗需要大量的液体摄入，这也就意味着要居住在河流附近，这种地方往往树木繁多、林荫蔽日，降低了流汗的需要。此外，大约在160万年前，更新世的冰河时代来临，即使在非洲，夜晚也寒冷刺骨。

英国雷丁大学的马克·帕格尔指出，其他生活在大草原的动物还保留着它们的毛。他认为，当人类智力进化到能应付这一行为的后果之后，才褪去了毛发，时间大约是在20万年前已经进化成现代人之后。"我们可以制作衣物、建居所和生火来代替褪去的毛发。"帕格尔坚持认为，自然法则青睐毛发稀少的个体，因为过多的毛发会滋生致病性寄生虫。后来，性选择也支持了这一说法。肌肤光滑表明健康良好，因而是最理想的性伴侣，传承的基因也更多。

△ 原始人类假想图

更令人迷惑不解的是，间接的证据表明，人类很早就褪毛了。德国莱比锡的马克斯·普朗克进化人类学研究所的马克·斯托金说，阴虱约330万年前才进化而成，这必然是在古人类褪去了毛发之后，阴部才会成为其藏身之处。另外，他确定了体虱进化形成的时期，大约是7万年前，而此时人类已经穿着衣服生活了。如此看来，我们的祖先一丝不挂地"晃荡"了相当长的一段时间。

8 人类的脑袋为什么越来越大?

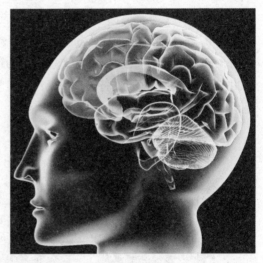

现代人类的大脑与早期人类相比,为什么会变得这么大呢?科学家可能会有许多种解释,但新的研究表明,其主要的原因可能是社会竞争。

与其他几乎所有的动物相比,从大脑在体重中所占的比率来看,人类的大脑是比较大的。大约在200万年前,智人出现以来,人类的大脑增大了一倍。而与早些时候的人类祖先

△ 人脑示意图

相比,如生活在400万年前至200万年前的南方古猿相比,人类的大脑增大了3倍多。多年来,科学家们一直想知道人类的大脑为什么会增大。

有科学家曾经认为是气候变化和环境变化这两个因素导致了人类大脑的增大。气候变化观点论认为,人类祖先在处理不可预知的天气和重大气候变化中增强了事先思考的能力,以便随时准备应对这些气候的变化,在这个过程中,人类的大脑变得更大且更具适应性。环境论观点认为,人类的祖先从赤道迁移后,他们遇到的环境发生变化,食品和其他资源减少,人类不得不思索寻找资源的方法,因此人脑也不断增大起来。

而美国密苏里大学教授大卫·吉尔认为,社会竞争才是人脑增大的

原因。他认为，随着人口的增加，越来越多的人争夺着数量有限的资源，面对稀缺的资源，人们不断思考，那些比其他人聪明的，具有较高社会地位的人将有更多的机会获取更多食物和资源，因此他们的后代将有较高的生存机会，那些不适应社会的人则被淘汰掉。大卫·吉尔表示，这种人类物种内部为争取地位和资源的过程反复循环，持续一代又

一代，在这个过程中，人类的大脑也不断增大。

为了对这种观点进行验证，大卫·吉尔和他的学生杜鲁·贝雷对175具人类的头骨化石进行数据的统计分析。然后，对所有变量进行测试，以验证他们对大脑大小预测的准确性。大卫·吉尔表示，目前最佳预报值是人口密度。人口密度大的地方，那里的头骨化石样本大脑尺寸也比较大。因此，他最后得出了社会竞争是人脑增大的原因的观点。

大脑袋需要大量的营养，因此早期人类需要改变他们的饮食结构来供养大脑，而食肉对其有所帮助。同样，约在200万年前人类开始摄入海鲜食品，为脑部发育提供了脂肪酸。此外，烹饪也有一份贡献，它减轻了消化压力，使古人类进化出更小的内脏，把省出来的资源用于大脑成长。

不过，脑袋变大也有代价。比如，因为脑袋过大，胎儿无法从母亲的阴道产出，因此胎儿只能在脑袋还没有发育成熟就离开母体。时至今日，生育依然是非常危险的事情，因为婴儿不够成熟，必须接受稳定有效的照顾才能生存下来，生育后的母亲也需要父亲的帮助，家庭由此产生。婴儿前三个月的发育全部集中在脑部，这是完成在子宫内没有完成的发育。同时，与动物靠本能行事不同，婴儿需要接受教育才能掌握很多技能，教育由此产生。从某种程度上讲，人类文明就是建筑在人类大脑袋上的。

9

人类怎么会遍布世界？

　　我们的祖先曾完成了一些史诗般的迁移。180万年前，直立猿人首先从非洲经过艰苦的跋涉抵达亚洲东部。大约100万年之后，尼安德特人的祖先在欧洲出现。12.5万年前，智人首次试图进入中东地区。这些种群都没能延续下来。但大约在6.5万年前，一群现代人离开非洲，并且征服了世界——这对于任何物种来说，都是一项巨大的成就，更别说是一个弱小、无毛的人类。到底是什么驱使他们走遍天涯呢？

　　起因可能是人口过度拥挤。研究表明，所有的人类都属于四种线粒体谱系（L0，L1，L2和L3）中的一种，这四种线粒体谱系对应着四位祖先母亲，但在非洲以外的地区只能找到L3线粒体谱系。新西兰奥克兰大学的昆丁·阿特金森和他的同事们发现，这一谱系在1万年前经历了一次人口膨胀，从而促使大批的人口背井离乡。所以，可能是当时非洲人口过度拥挤，促使这群人跨过红海，沿着亚洲南部海岸线迁徙。

　　那么，为什么现在世界各地生活的人有肤色、发型、发色、眼色、身高、结构、生活习惯等差异呢？那是因为，这些差异是10万年以后非洲猿人到达定居点后，对当地自然环境的长期适应而逐渐形成的。例如，生活在高纬度区域的人，由于见阳光少，气候冷，所以就成了白种人，且鼻子长而直，鼻孔向下；生活在低纬度区域的人因为阳光强、天气热，就成了黑种人，鼻子短且鼻孔上露。所有这些差异都是后天形成的，但不管差异有多大我们仍然是一个物种。

　　不过，这个解释仍然留有一个疑问：为什么人口会增长？阿特金森指出，非洲的气候在旱涝之间波动了10万年，直到约7万年前才稳定下来。也许是环境的不稳定迫使早期人类更具创造力和适应能力，一旦环境改善，就导致人口不断增长。

△ 现代人

　　剑桥大学的保罗·梅拉斯主张，科技、经济、社会和认知行为的复杂程度大大推动了人口膨胀。人早就具备了使用火的能力，可能同样也早就具有了语言能力。同时，人类的创造能力也有了飞跃式发展，比如复杂工具的制造、食物源的充分开发、艺术的表达和象征性的装饰。这些文化进步对人类人口膨胀和迁移至关重要。英国雷丁大学的马克·帕格尔说："我们不仅可以行走，而且当我们踏入一片土地时，我们就能改造它。"他指出，当人口很快突破环境承载能力时，个体为了避免竞争移居到另一片土地，这种适应性便会推动移民不断前进。

　　伦敦自然历史博物馆的克里斯·斯特林格补充道："有些迁移可能是偶然发生的。"比如，海员在岛屿之间航行，被风刮到了更远的地方，于是澳大利亚就有了居民。此外，基因变化也可能使我们更爱冒险，比如所谓的猎奇基因DRD4-7R，更常见于迁移速度快、距离非洲远的人口中。斯特林格说："当然，人类的精神就是攀登尚未征服的山峰。"

10
现代人类是混血儿吗？

通过对比现代人和古人类的DNA序列，人们发现每一个非非洲裔现代人的基因组里都遗传了1%到4%的尼安德特人基因。美拉尼西亚人也遗传了7%的丹尼索瓦人基因。美国加州大学圣塔克鲁兹校区的理查德·格林说："这清楚地表明，人类曾与其他族群交配过。"对于尼安德特人而言，这种交配可能发生在5万多年前的中东地区。

当然，这一解释并不能说服所有人。梅拉斯说："人类在过去的4万5千年里分布到欧洲各地，他们可能在任意一个街角碰到尼安德特人。但没有证据表明这里有DNA交换。"而格林认为，这也许只是个数字游戏：如果别的人类的数量远远超过尼安德特人的数量，那么发生在欧洲的DNA交换信号就会弱化，甚至完全从现代人的基因组里丢失。

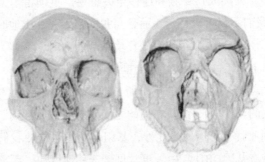

△ 尼安德特人与智人的头骨

但是对于尼安德特人的基因出现在人类基因组里这个事实，还有另外一种解释：想象一下那些居住在非洲的古人类族群，彼此分离，基因构成略有不同。如果其中的一个古人类族群是非洲以外古人类的祖先，而其他的族群则是所有非洲人的祖先，那么，即使没有交配，没有基因交换，非非洲裔和尼安德特人族群也都可能会有非洲族群缺失的某些

DNA。格林及其同事曾在他们最初的论文中提及到这种可能性，之后剑桥大学的安德烈·马尼卡对这种可能性进行了深入研究，他认为这可以解释今天发现的尼安德特人基因分布格局问题。

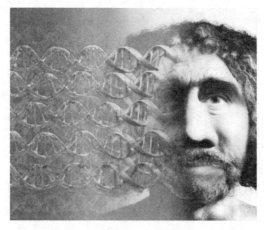

◁ 我们是混血儿吗？

但是，即使我们承认确实发生过一些交配行为——大多数人确实认为如此——难道就意味着我们是混血儿吗？英国哈德斯菲尔德大学的马丁·理查兹指出，物种的概念"非常模糊"，种群之间很难清晰地划分界限。其中一种"物种"的概念是指一个物种不能与其他物种交配并产生有生育能力的后代。那么，对于人类来讲，尼安德特人和丹尼索瓦人是否属于不同的物种。事实上，尼安德特人有时被认为是智人的亚种。

在格林看来，物种的问题转移了我们的注意力。"我们可以很精细地定义我们和尼安德特人以及丹尼索瓦人之间的基因关系，用不着给这些种族贴上物种的标签。"然而，从一个更深的层次来看，我们的祖先究竟是否与其他物种有过交配，对于我们如何认识自身至关重要。

11
已经灭绝的人类"亲属"

　　1856年，一群采石工人在德国杜塞尔多夫一个山洞里发现了16块骨骼，包括一个头骨。一开始他们以为这只是熊的骨头，就将其交给当地的老师约翰·福尔洛特。福尔洛特又将这些骨头送到了科学家手中，最后被确定为古人类化石，并将新发现的古人类命名为"尼安德特人"。之后，人们在这一地区又陆续发现了400多个尼安德特人的残骸。

　　尼安德特人经历了冰河世纪，为了抵抗冰雪等恶劣天气，他们通常住在山洞中。许多尼安德特人的骨骼被发现于山洞中，因此他们也被称作"洞穴人"。

　　就如现在人类一样，尼安德特人来自非洲。他们穿越欧亚大陆，最北到达过大不列颠。他们也向东迁徙，穿过中东，到达乌兹别克斯坦。科学家估计他们人口数量最高曾达到七万。

　　他们矮小健壮的骨架是应对寒冷空气的适应性进化，因为这样能聚集热量。根据美国史密森学院的研究，宽鼻子能帮助湿润并加热冷空气，不过这一说法具有争议。美国自然博物馆宣称尼安德特人与现代人类的其他不同之处在于胸部有漏斗形的扩口，骨盆也有扩口，手指脚趾都非常粗大。他们的大脑却和现代人类的

△ 尼安德特人复原图

大脑体积相当，也有可能
稍微大一点。大约百分之
一的尼安德特人有红发，
白皮肤，甚至有雀斑。

很长时间内科学家
和人类学家推测尼安德特
人比现代人成长得更快，
成熟得更早，不过寿命比
较短，类似于黑猩猩。
2008年，美国国家科学院
的出版物公布了现代人类
和尼安德特人成熟年龄相同的证据。

△ 尼安德特人的穴居生活

尼安德特人以家庭为生活核心。早期发现的衰老或畸形的尼安德特
人骨骼显示，他们会照顾那些没有能力照顾自己的成员。尼安德特人平
均寿命为30岁左右，有一些会活得更老。他们会埋葬同伴尸体，但是否
会用刻骨碎片做陪葬品还具有争议。

科学家现在还不清楚他们是否使用语言，但他们拥有的复杂大脑结
构使其使用语言成为可能。

尼安德特人一度被视为现代人类的祖先，后来的基因检测否定了
这一观点。近些年有关尼安德特人最大的争论是他们是否与其他人类
交配过，答案依旧不确定，各种学术观点均有，有些科学家相信他们
一定有过交配行为，也有理论认为受时代和地域影响，交配几乎不可
能发生过。

没有人知道尼安德特人灭绝的确切原因。一些理论认为气候的渐变
或骤变让他们走向了灭亡，也有一些人认为是营养不足造成这一悲剧。
还有一些科学家假设尼安德特人并没有灭绝，而是融入了现代人的血
脉，成为我们当中的一部分。

12
令人疑惑的返祖现象

△ "毛孩"于震寰

1977年9月30日，辽宁一个农民家里出生了一个毛孩，他的身上除了手足、掌心、嘴唇，其余地方都长满了长短不同的毛，这些毛比起普通人的毛发又黑又长，很像人类祖先——猿身上的毛。他是我国首次发现的真正的"毛孩"，他的出生震惊了世界。

"毛孩"真名叫于震寰，他身上的毛是一种返祖现象。返祖是指有的生物体偶然出现了祖先的某些性状的遗传现象。例如，双翅目昆虫后翅一般已退化为平衡棍，但偶然会出现有两对翅的个体。在人类中，偶然会看到有短尾的孩子、长毛的人、多乳头的女子等，这些现象表明，人类的祖先可能是有尾的、长毛的、多乳头的动物。所以，返祖现象也是生物进化的一种证据。

众所周知，家养的鸡、鸭、鹅经过人类的长期驯化培养，早已失去了飞行能力，但在家养的鸡、鸭、鹅群中，有时会出现一只飞行能力特别强的个体，这就是由于在其身上出现了返祖现象，使其飞行能力得到了恢复。此外，长有"脚"的蛇，尾鳍旁长有小鳍的海豚也是动物返祖的例证。

关于返祖现象，现代遗传学有两种解释：

一是由于在物种形成期间已经分开的，决定某种性状所必需的两个或多个基因，通过杂交或其他方式又重新组合起来，于是该祖先的性状又得以重新显现。

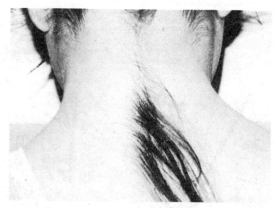

返祖现象 ▷

二是决定这种祖先性状的基因，在进化过程中早已被以组蛋白为主的阻遏蛋白所封闭，但由于某种原因，产生出特异的非组蛋白，可与组蛋白结合而使阻遏蛋白脱落，结果被封闭的基因恢复了活性，又重新转录和翻译，表现出祖先的性状。

人类的祖先具有的某些形态特征在人的进化过程中已经发生了很大的变化，如脑容量增大，体形改变，毛发稀疏，尾巴消失等。人类祖先的基因和基因调控在这个过程中也发生了很多变化，有的基因改变了，有的基因在人发育的某一阶段关闭起来，比如人在胚胎发育中到两个月末时，是有尾巴的，到五六个月时全身有细密的毛，在胎儿成长的过程中控制生尾的基因关闭，因此胎儿的尾巴停止生长变成骶骨；胎儿出生前浓密的体毛也消失了，胚胎发育的这一过程被认为是重演了人的进化过程，说明人类祖先的某些基因没有消失，只是在适当时候关闭。如果这些应该适时关闭的基因没有关闭，或是因某种原因重新打开，这部分基因就会使人出现异常发育，重现祖先的某些特征。至于出现返祖现象的具体诱因，现在还是一个谜。

13
细菌主宰人体?

△ 显微镜下人体细菌的电脑合成图

生物学家曾认为,人体是一座生理之岛,完全可以自行调控身体内部的运转。但在过去十多年中,研究人员发现,人体更像一个复杂的生态系统,一个庞大的社会。在我们的身体内,住着数以万亿计的细菌和其他微生物。它们寄生在我们的皮肤、生殖器、口腔,特别是肠道等部位。

实际上,人体细胞并不是人体内数量最多的细胞,其共生细菌的数量是人体细胞的10倍之多。由微生物细胞和它们所包含的基因组成的细菌群落,不仅不会危害我们的健康,反而对人体有益,能帮助身体进行消化、生长和防御。

提到身体内的微生物,人们通常会想到病菌。事实上,研究人员也在很长一段时间里,只关注那些有害病菌,忽视了那些有益细菌。这些有益细菌虽然不属于人体,却相伴我们一生,它们是我们身体内不可或缺的一部分。

一般说来,子宫内没有细菌,所以生命之初的胎儿是真正无菌的个体。但是,当新生儿通过产道时,母亲体内的共生细菌,就会转移到婴儿身上,并开始繁殖。随着与父母、祖父母、兄弟姐妹、朋友,还有床单、毯子、宠物等的接触,婴儿体内的细菌会变得越来越多,到幼儿期,我们体内已经形成了地球上最复杂的微生物群落。

在研究人体内细菌群落的过程中，有许多令人惊奇的发现——比如，你几乎找不到细菌群落组成完全一样的两个人，即使是同卵双胞胎。人类基因组计划已证实：所有人的DNA 99.9%都是相同的。看起来，细菌基因的变异对人类个体的命运、健康、行为造成的影响，远胜于我们自己的基因。

但即使是最有益的细菌，如果它们在不恰当的地方大量滋生的话，也可能导致严重的疾病。比如，细菌跑到血液中，就会导致败血症；进入腹部器官之间的组织网络中，就会导致腹膜炎。

在人体的共生细菌群落中，有两种细菌能影响人的消化和食欲。

多形拟杆菌是一种最优秀的碳水化合物降解细菌，能够将许多植物类食品中的大分子碳水化合物降解为葡萄糖和其他易消化的小分子糖类。人体中没有基因可以合成降解碳水化合物的酶，而多形拟杆菌的基因，能合成260多种消化植物成分的酶，从而帮助人体高效地从橙子、苹果、土豆、小麦胚芽等食物中摄取营养素。

基因共享

友好的细菌:人体内部的皮肤表面共生细菌的基因数量,远远超出了人类从父母那里遗传来的基因数量,研究人员正在想办法弄清楚,哪些细菌基因对人体有益,这些基因又是如何起作用的.

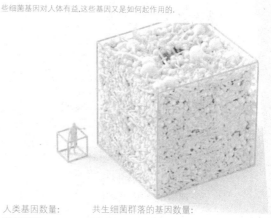

人类基因数量:
2万至25万

共生细菌群落的基因数量:
330万

△ "你不是一个人在战斗"

幽门螺旋杆菌一度被认为是引发胃溃疡的病原菌。但研究表明，幽门螺旋杆菌对绝大多数人都是有益的，它可以调节胃酸水平，创造既适合它生存也适合宿主（人体）的环境。比如，当胃酸分泌过多时，幽门螺旋杆菌会大量繁殖，同时细菌内的cagA基因开始产生一种蛋白质，使胃部减少胃酸的分泌。而且，幽门螺旋杆菌可以调节食欲。不过，对于易感人群来说，cagA有一种不好的副作用——会加重幽门螺旋杆菌引起的溃疡。

14
进化的副作用（上）

在物种繁衍过程中，自然对个体基因不断进行筛选。有时这件工作做得并不漂亮，导致旧的"部件"和基因要兼任新的职责。结果，所有物种都拖着一个并不完美的机体。与其他简单的生物相比，人类的情形更加糟糕，主要是因为在漫长的进化过程中所处的荒野环境与我们如今身处的现代世界反差太大。我们每天都能感受到进化的副作用：

——细胞是个怪物

大约10亿年前，一种单细胞生物体脱颖而出，最后演化为地球上所有的植物和动物，包括人类。这个"祖先"的诞生是一场吞并的结果：一个细胞以不太完美的方式吞掉了另外一个细胞。掠食者提供了外壁、核子和这个组合的大部分内

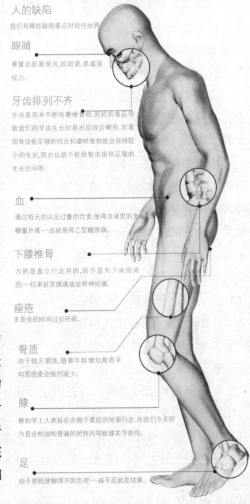

人的缺陷

我们有哪些缺陷要应对现代世界？

眼睛

着重近距离使用，如阅读，易减弱视力。

牙齿排列不齐

牙齿是用来不断咀嚼硬食物，而软的食品导致我们的牙齿生长时易出现咬合畸形。如果颌骨没能足够的咬合和磨碎食物就会保持较小的生长，因此也就不能给智齿提供足够的生长空间等。

血

通过每天的以及过量的饮食，使得血液里的含糖量升高——这就易得乙型糖尿病。

下腰椎骨

为的是直立行走用的，而不是为下坐而用的——结果就是腰痛或坐骨神经痛。

痤疮

多是坐的时间过长所致。

骨质

由于缺乏锻炼，随着年龄增加骨质平均质密度会强烈减少。

膝

解剖学上人类旨在赤脚于柔软的地面行走，而我们今天所为是走柏油和普遍的肥胖而导致膝关节损伤。

足

由于穿鞋使脚得不到负荷——扁平足就是结果。

△ 人的缺陷

容，被掠食者化身为线粒体，就是那个提供能量的细胞器。多数时候这个古老的组合和谐共处，工作顺利。但是偶尔，我们的线粒体会和它们周围的细胞闹别扭，其结果就是生病，比如线粒体疾病或者LS（Leigh syndrome）——它会导致中枢神经退化。

——打嗝

有人认为，最初开始呼吸空气的鱼和两栖类动物在水里用鳃呼吸，到陆地上则动用原始的肺，为此它们必须学会在钻入水中时关掉声门，也就是肺的入口。它们会推动着水经过鳃部，同时把声门推下去。作为它们的后代，人类继承了这一能力，具体的表现就是打嗝。所谓打嗝，就是我们在使用古老的肌肉迅速关掉声门，同时吸进——现在是空气，而不是水。现在，打嗝没有什么现实功能，但也不会给我们造成任何伤害——除了偶尔的尴尬。停止打嗝非常困难，因为这一过程是由我们大脑的一部分控制的，而这个部分早在我们产生意识之前就进化出来了，所以无论你怎么努力，都不能靠意志力让打嗝停下来。

——背痛

从进化角度看，脊椎动物的后背就像水平的棍子，用来悬挂内脏。它像桥一样弯成拱形，以便承重。然而出于某些原因，我们的祖先站了起来，这相当于是把一座桥竖了起来。靠后腿站立有很多优点，比如可以看得更远，可以解放双手去做别的事情，但这也让我们的后背从一座"拱桥"变成了一个"S"形结构。字母S虽然形式美丽，但在承重方面用处不大，所以我们的后背会痛，而且自直立以来一直如此。

△ 背痛是直立行走的代价

15
进化的副作用（下）

——呛水

大部分动物的气管位于食道下方。比如在猫身上，这两条管道基本呈水平方向平行，分别通向胃和肺。依据这种构造，由于重力作用，食物会从喉咙直接落到食道里。但人并不是这样的，为了方便说话，气管和食道被改到更靠下的位置。与此同时，由于我们直立，两者几乎是垂直的。这些改变导致食物或水有一半机会落到错误的管道里。如果吞咽时没有来得及闭合气管，我们就会"气门阻塞"，也就是被呛到。

——怕冷

在寒冬，厚厚的长毛特别有用，几乎所有的哺乳动物都享受着它温暖的拥抱。但人类和其他少数物种，失去了这一庇护。不过，如果你在非洲裸露着身体还没什么，当你去了北极，你会觉得缺毛真是一大缺陷。

——没用的鸡皮疙瘩

我们的祖先还满身是毛的时候，每当受惊或者遇冷，他们皮肤上的"立毛肌"就会收缩。当一只愤怒或者惊恐的狗冲你狂吠时，让它身上的毛竖起来的，正是这些肌肉。寒冷的日子里，鸟类和哺乳动物身上的"立毛肌"会隆起，以保持温暖。尽管我们身上已经没有毛了，但皮下却仍有立毛肌。每当我们被狗追、被风吹，感到惊恐或寒冷时，它们就会收缩，让我们的汗毛竖起

毛干

皮脂腺
立毛肌

毛囊

汗腺

大汗腺

△ 鸡皮疙瘩的生物学机制

来，不过这一反应一点恐吓作用都没有，只会形成"鸡皮疙瘩"。

——智齿

一系列遗传变化让人类拥有宽大的头骨，以容纳更大的脑髓。这看上去是有利的，显得我们既聪明又先进。但为了给大脑让路，人类采用的做法是"逼迫"颚骨，让它们变得越来越细小。由于下颚变小，我们没法像祖先那样吃坚硬的食物，于是想出了用火和工具的主意。但是，长久以来，虽然下颚退化，但我们的牙齿尺寸变化却不大，导致嘴巴里没有足够的空间容纳所有牙齿，只好把智齿拔掉。

——肥胖

长久以来，饥饿感就像扳机，触动我们出去寻找食物；味蕾充分进化，以鼓励我们选择对自己更有利的食物（如糖、盐和脂肪），避免吃下有毒的东西。现今，很多人拥有的食物已经超过人体必需的营养，但饥饿感和渴望还在继续，它们就像人体内嵌的GPS，坚定不移地指示我们继续前进。味蕾则要求更多的糖、盐和脂肪，于是我们不可避免地变胖了。

△ 过度肥胖已经成为发达国家面临的普遍性难题

事实上，进化的副作用远远不止这些，男人退化的乳房、眼睛中的盲点，以及一些人用来摆动耳朵的肌肉，都属于此列。

进化论的副作用令人烦恼。但它有一个意想不到的作用，那就是反驳神创论。你想想，既然上帝那么无所不能，为什么不能把人制造得更完美一些呢？人类现在这个"半成品"的样子，只能说上帝这个设计师完全不合格啊。所幸的是，进化论能够解释这件事。

16
人类世是否存在?

从地质规模来说，人类已经成为改造地球的重要力量。诺贝尔化学奖获得者保罗·克鲁岑在一个学术会议上，提出了"人类世"的观点。这个词，源自希腊语，表示"近代人类的纪元"。

△ 从夜晚的灯光可以看出人类的影响越来越大

对于一些地质学家来说，这个提议更像是一场革命，或是一个不受欢迎的挑衅。事实上，这已经引发了一场激烈的辩论，并且从科学界一直蔓延到公众领域。

地球的官方日历由国际地层委员会（ICS）保管，ICS是世界地层的权威机构，他们通过对岩层的分析研究地球的历史。ICS利用沉淀物的数据来判断一个新的纪元是否开始。由于地质时代的分界线标志着这个星球历史上重大的转折点，在每一个地层上，必须确定全球范围内都有迹可循。

现在，地质学家们试图找出证据来证明人类世的存在，因为我们正在改变世界：

人类已经改造了地球表面约四分之三的地区。如今只有23%的的地区仍然是荒原，而地球上的光合作用有11%发生在这里，其余则发生在农场、居住区和工业区。

由人类活动引起的气候变化将完全改变数万年的空气、土壤和海洋。这还包括二氧化碳对海洋的长期酸化作用，这对海底的岩层将有一个持久的影响。

水坝、开矿、水土流失和城市的发展从根本上改变了土壤的性质。例如，水坝背后堆积的大量泥沙导致了沿海地区泥沙的匮乏。

大规模的物种变异正在发生。虽然人类因砍伐树林而导致许多物种的灭绝，但同时，通过现代技术手段也创造了新的生命形式，包括最近的人工染色体。

然而，反对者认为，从科学的角度来看，将人类世引入地质年代会带来更多的问题而不是好处。人类世的支持者们将会面临指控，他们对地层学的规则还不够了解。

虽然，被冰川锁住的空气气泡可以证明温室气体排放水平的上升，而且这已被作为"人类时代"开始的证据。但问题是，气体含量的增加不是突然出现的，因此没有清晰可辨的边界层。

当前认为的最有可能的地层，一个大约从1800年开始，经历了工业革命；另一个从1945年左右开始，当时人们第一次对原子能武器进行了测试。这两个事件可以在全球沉积物中以废气微粒和放射性沉降物的形式分别予以确认。

事实上，决定并建立一个鲜明的、广泛的、易让人接受的边界是非常困难的，也可能永远不会明确。因此，人类世是否存在，也将继续争议下去。

17
人类进化进程会加速吗？

　　美国的一项研究发现，目前人类的进化速度超过了历史上任何一个时期。科学家表示，物竞天择的速度已经明显加快，人类再过几代将会进化到一定程度，从而对糖尿病和疟疾这样的疾病产生抗体。

　　研究还发现，世界上不同地域的人种不会随着时间的推移而变得相似，与之相反，不同人种的进化方向实际上是不同的。

　　美国犹他大学的人类学教授亨利·汉普丁博士主要负责这项研究，他们通过研究来自世界各地270个人的DNA来寻找人类进化速度的线索。研究发现自1万年前冰河时代以来的人口爆炸，加快了人类基因变异的速度。

　　"我们与1000年前或2000年前的人类不同"，亨利·汉普丁博士表示，"人们通常以为人种的差异是由于不同文化所致，但实际上人类的任何性情特点都受到了基因强有力的影响"。

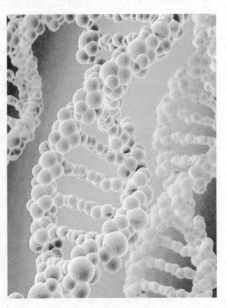

△ 人类的DNA

　　"人类的进化并不相同。欧洲、亚洲和非洲人的基因进化得很快，但他们几乎都具有出生地域的独特性。"亨利·汉普丁博士认为，"我们进化得越来越不同，人类并不是一个单纯的人种"。

　　研究人员通过分析北欧人、中国人、日本人和非洲约鲁巴人的DNA

去寻找8万前年人类的遗传线索。结果发现，如果基因的变异对人类有利，那么这个有利变异基因很快就会通过物竞天择迅速传播。

4万年前人类离开非洲开始移民全世界，那时的进化速度就加快了。而在1.2万年前随着农业的开发，人类基因的进化速度更快。由于基因变异，欧洲人出现了白皮肤，因为要适应日照的相对减少，而成人则可以饮用牛奶而不致生病。目前，这样的基因在欧洲很普遍，但是在非洲人和中国人中却十分的罕见。

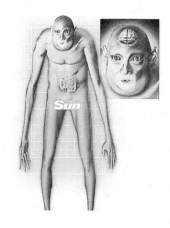

△ 未来人类假想图

另一位研究者，来自威斯康星大学的约翰·胡克斯博士，他表示人类正在进化出疾病的抵抗力。约翰·胡克斯博士称："我们发现人类出现了几种可以抵御糖尿病的基因。"研究还发现人类出现了几十种与抵御疟疾相关的基因变异，包括一种全新的血型——达菲血型。

英国整骨疗法专家特雷恩预言称，由于人类不断改善营养和医疗科学，1000年后的人类身高普遍将在1.8米到2.1米之间。同样，未来人类的手臂和手指将会变得更长，看起来就如同长臂猿一样；因为iPhone手机等触屏电子产品的广泛使用，人类手掌和手指的神经末梢将会变得更加灵敏，身体将提供更加复杂的"眼—手合作"功能。

此外，由于人类已适应室内空调和中央加热系统，气候对人类的影响也变得越来越小，所以未来社会的每个人都将拥有同样形状的鼻子，同时人类身上的毛发将会变得更少，身上将会长出更多的皱纹，未来人类甚至可能长出火鸡脖子一样松弛的皮肤，同时眼睛会变得更加巨大。

18
霍乱正在改变人类基因组

△ 孟加拉国的一个霍乱病区

霍乱每年将成千上万的人置于死地，但一项新研究表明，人类的身体正在发起反击。研究人员发现的证据证明，在霍乱流行的孟加拉国，人们的基因组中有对抗霍乱的办法，这是发生在当代的人类进化案例，非常引人瞩目。

霍乱搭便车传播至全球。但是，霍乱发病的中心区域仍在恒河三角洲地区和孟加拉国。1000多年来，霍乱一直在这两个地区掠夺人们的生命。在孟加拉国，孩子们到15岁时有半数感染霍乱致病菌。这些病菌通过受到污染的水和食品传播，会引起急性腹泻，而且没法治疗。在几个小时内，这种细菌就可以置人于死地。

霍乱已经存在了很长时间，而且会使孩子们丧生，这个事实使研究人员认为：霍乱一直在对该区的人们施加进化压力，就像事实上已证明的——疟疾在非洲所发生的那种情况，因而霍乱可能改变了当地人口的基因。

为了搞清这种疾病对进化的影响，科学家们利用一种新的统计技术，确定了哪些基因组片段受到了自然选择的影响。研究人员分析了36个孟加拉国家族的DNA，并且跟欧洲西北部的人们、西非人和东亚人的基因组进行了对比，发现在来自孟加拉国的分析对象中，其基因组上有300多个片段留下了自然选择的痕迹。这充分说明，霍乱能够促使基因组发生改变。那些易于罹患霍乱的人们通常携带存在于该地区的DNA突变体，强烈地体现出了自然选择效应。

研究人员还发现，作为对霍乱的反应，一类正在进化的基因可以给往肠道里释放氯离子的通道加密。这些基因的参与是有意义的，因为霍乱细菌散发出的毒素会刺激机体排出大量的氯化物，导致霍乱的典型症状——严重的腹泻。另一类选择基因有助于控制NF- kB蛋白，这种蛋白是

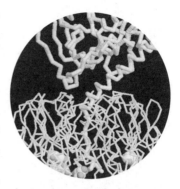

△ 显微镜下的霍乱病毒

炎症的主要控制因素，而炎症又是人体对霍乱病菌的反应之一。还有一类参与了调整炎性体的活动，炎性体是细胞内部的蛋白质复合体，其作用就是探测到病原体，然后引发炎症。然而，研究人员并不清楚为了加强对霍乱病菌的防御，自然选择到底促使这些基因发生了怎样的变化。

研究人员还发现了传染病促使人类进化的其他事例，如非洲的疟疾喜欢镰状细胞等位基因，而这种等位基因是一种基因突变体，能够抵抗疟疾。研究人员也试图通过这一方法从整个基因组中寻找霍乱病菌作用的对象，进而治疗霍乱。

当然，这些发现很可能不会导致新的霍乱治疗方法的诞生，因为目前的疗法很奏效——快速将患者损失的水和电解质补充上。尽管如此，理清霍乱如何促使人类进行进化，或许会有助于研究人员设计更加有效的疫苗，能够更加安全地保护人们免受霍乱病菌的侵袭。

19
人类会灭绝吗？

恐龙在地球上生活了整整1.5亿年，而人类历史只有几百万年，试问：人类能不能生存1.5亿年呢？换个问题就是，在短期内人类将会面临哪些灭绝的威胁呢？我们能安然度过这些威胁吗？

威胁人类生存的潜在危机大体可以分成两种：一种是人类自身的行为造成的，可以简称为"人祸"；另一种是自然环境造成的，可以简称为"天灾"。两种可能性同时存在。

人祸的第一种可能是，因发动全面核战争而给自己带来灭顶之灾。要知道，目前世界上核武器的总和，足以毁灭地球几十次。每个人头顶上都悬着随时可能掉落下来的"夺命之剑"。第二种可能是人类对生态环境的无止境的掠夺与破坏，最终让自己灭绝。第三种可能是技术的进步带来生物技术灾难、粒子加速器灾难、机器人接管世界以及纳米技术灾难等。

天灾方面的花样更多：

（1）超级火山喷发

科学家们推测，下一次最有可能喷发的超级火山应该是美国的黄石国家公园。黄石国家公园所处的地壳之下，蕴藏着一个超大火山熔岩库，大约离地面8千米深。熔岩区长约50千米，宽约25千米，相当于伦敦市区面积的500倍。

△ 超级火山喷发

自2004年，黄石火山口每年都会上升8厘米左右，科学家们相信这是一种火山即将喷发的迹象。虽然黄石超级火山已经至少有7万年没有喷发过了，但它仍然处于活跃期。大多数专家都相信，将来它必定会喷发。至于它的喷发程度到底如何，是中等威力还是更具灾难性，目前还无法预测。

（2）外星瘟疫

英国著名天文学家弗雷德·霍伊尔很自信地认为，彗星中充满了各种病毒，如果彗星落到地球之上，这些病毒有可能导致瘟疫大流行。他的观点曾经受到大多数人的嘲笑，但随着科学家对陨落到地球表面的火星岩石碎片的研究，霍伊尔的观点已部分得到证实。

△ 细菌大军来袭

（3）太阳罢工

20世纪70年代，当时太阳微中子的数量远远小于预期值。一些太阳物理学家提出，太阳可能正在经历长达100万年的活动低潮期。在这一时期内，太阳亮度被认为可能会降低40%。尽管关于太阳罢工的证据还没有找到，但是这种情况仍有可能发生。太阳罢工有可能导致地球进入一种深度冻结状态。事实上，考古学家已经发现了历史上这种极端寒冷时期的证据。大约在6.5亿年前，这一时期就被称为"雪球地球"。如果太阳明显变暗，海洋将会逐渐冰冻成固态，地球上的多细胞生物，包括人类都将走向灭绝。

△ 雪球地球

此外，小行星撞击、伽马射线爆发、超级潮汐、地磁场消失等，都可能造成人类的大灾难，甚至大毁灭。

总而言之，人类的灭绝比你想象的要容易得多。

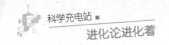

20
人类进化正未有穷期（上）

关于人类进化已经停止的新闻近几年频繁见诸报端。

人类进化学家发现，要论体格壮硕，现代人比很多人类祖先要差。通过比较分析，在埃塞俄比亚发现的20万年前的人类化石，比现代人块头更大，而且更加精力充沛。在1万年前，普通人的平均体重在79.83千克到85.28千克之间，而现代人的平均体重在69.85千克到79.83千克之间。除了体格方面，人类的脑容量似乎也遭遇了同样的问题。2万年前的男性大脑的体积是1500立方厘米。现代男性的脑体积平均是1350立方厘米，减少了相当于一个网球大小的体积。女性大脑体积的减小比例与此相同。

因此，不少人类学家得出"人类进化达到极限""人类已经度过发展的巅峰时期"或"一万年来，人类体质在不断下降"之类悲观的结论。

这些观点虽然夺人眼球，却并非事实。

△ 从猿到人

所谓人类进化停止不过是短时间内观察到的一种假象。美国著名古生物学家古尔德提出的"间断平衡"观点认为，生物进化是长期的稳定与短暂的剧变交替的过程。新物种形成于短暂的剧变期，而后是长时间的稳定期。显然，现阶段的人类就处于这种长时间的稳定期。但即便是稳定期，人类的进化依然在进行。

科学家在对人类基因组进行研究后指出，某些基因突变像滚雪球一样越变越快。在过去1万多年里，人类的进化速度比之前的任何时期都要快几十倍。新的变异基因多达2000多个，其范围不只局限在诸如肤色和眼睛颜色等表面特征上，还与大脑、消化系统、寿命以及人类对病原体的免疫能力等有关。现在要想区别现代人与古代人，单看外表就能区别开来。

研究表明，从新石器时代经过青铜器时代再到近代，中国人的脑颅和面颅趋向缩小、鼻形趋向狭化、眼眶形状趋向高窄化、颅形趋向圆隆化。通俗来说，就是我们的脸盘在变小，鼻子在变窄，眼眶在变高，脑袋也越来越圆。

为什么会发生这种变化呢？其原因包括人群的迁徙和融合、气候和环境的突变、生活饮食方式的改变等，如随着农业的发展，我们祖先的生活方式逐步由狩猎、采集，转变成吃柔软的、耕作出来的食物。这就让我们的咀嚼器官逐渐退化，上下颌骨、牙齿、头骨和肌肉不用像过去那么强壮，这就带来面骨的缩小和弱化，瘦削的亚洲"瓜子脸"就这样诞生了。而这一改变发生在公元前2000年前后，距离现在不过4000年左右。对于漫长的地质年代来说，4000年根本就微不足道。

进化是无处不在的，也是无时无刻不在进行的。

21
人类进化正未有穷期（下）

　　有一种对进化论的错误认识是这样的：生物进行演化，然后大自然进行挑选，符合标准的就继续生存下去，不符合标准的直接无情地淘汰。这种机械的认知完全忽视了生物对于自然的能动性。

　　自然可以选择生物，而生物也能选择自然，越是复杂的生物，这种选择能力越是强大。迁徙就是一种生物对自然的选择。在人类历史上，大大小小的迁徙反复发生过多次。也就是说，复杂生物不仅可以通过改变自身形体来适应环境，还能通过改变自身行为来适应环境。要知道，由于累积效应，灾变也好，渐变也好，环境的改变是必然的，因此人类自身的进化也是必需的，而且是正在进行时的。

"升级大脑，改变自己" ▷

　　与其他生物相比，人类是具有自然属性和社会属性的物种，文化在人类的进化中发挥了决定性的作用。从本质上讲，文化就是人类的行为。文化的形成、隔离与融合塑造了不同时期不同地域不同文化的人群；因为文化的存在，使得人类的进化不是单一直线式的，而是充满了变化，充满了多样性。这就是现阶段人类文化形态如此多姿多彩的原因。

但是摆在人类面前的，并非畅通无阻的康庄大道，而是艰险重重、磨难种种并且永无止境的进化之路。其他生物要么只能被动地接受基因变异的结果，要么只能有限地改变生活的地域和方式，与之相比，人类还是有一点儿优势的，那就是我们可以对自身进行人工进化。

参照刚才的说法，广义的人工进化，包括：

（1）通过改变自身形体来适应环境。

（2）通过改变自身行为来适应环境。

对于第二点，就是主动以文化变革的方式，促使整个族群在行为上

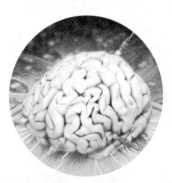

△ 给大脑"充电"

发生变化。这样的事情，在历史上发生过多次。科学技术的进步在文化变革中发挥着至关重要的作用，从火、石器、青铜器、铁器到蒸汽机、电力、石油化工等历史沿革，就可见端倪。然而，在工业革命之后，科学技术从改造人类周围的事物，渐渐地进步为可以改造人类本身。而对人类自身的改造，向来存在着针锋相对，甚至是你死我活的争议。

一派秉持身体神圣观点，认定任何形式的对人体的改造，都是对上帝的亵渎；另一派则从实用主义出发，认为对人体的主动改造势在必行，你不改，环境也会逼着你改。

从某种程度上讲，准许人类运用科学技术对自身进行改造也是一种人类行为的改变。但人类是经过几百万年的自然选择形成的，任何改变都有可能造成灾难性的后果。因此，是固守传统道德伦理，不对人体进行改造，还是审时度势，开始研究对人类自身的改造，就如哈姆雷特王子所一再犹豫的那样：改造还是不改造，这是个问题。

22
未来世界的五种人类（上）

科学无法准确预测出未来一千年直至上百万年间的环境变化，也无法知晓人类是否能适应这样的变化，但是人类的好奇心并不会因此而平息。华盛顿大学人类学家彼得·沃特在《未来进化》一书中提到，人类正在利用自然和科技的力量让自己永存，人类至少还能存在5亿年。在未来的进化过程中，人类也会像过去一样重现进化历程。人类究竟会走向何方，科学家和学者们做出了5种大胆的猜测：

1. 单一人——世界大同，人种融合

100万年后，高度全球化的后果导致不同人种均被同化，不同肤色融合到一起，种族特征逐渐消失。做出这一推测的依据是人类社会发展的趋势，虽然进化论

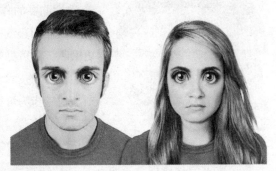

△ 单一人的男女差异不大

一直在起作用，但在过去的上万年内，人类的基因库不是在发散而是在收敛，而这一趋势的加剧会最终导致单一人种的诞生。

进化为单一人的好处显而易见——地球上会出现从未有过的和谐社会，人类的发展将取得质的飞跃，实现所谓大同世界。

但是，像所有的单一物种一样，单一人也更容易受到传染性疾病的威胁。基因上的可变性能够在一些病毒来袭时保护基因多样化的物种不受大规模的伤害。因此，就像培育出的超级水稻一样，虽然品种优良，同时也极易受到某些病害的侵染。

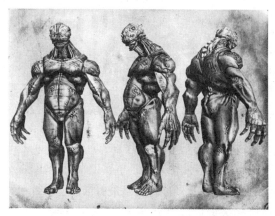

◁ "人类变异种族"

2. 幸存人——浩劫过后，人类分化

科幻小说《时间机器》为我们描述了浩劫对幸存的人类可能带来的巨大影响：地球文明被一场天外灾难毁灭后，幸存的人类演变成了两个种族——残忍的地下食人族和日渐衰落的地面文明族。

事实上，劫后余生的故事从诺亚方舟时代就开始了。从超级洪水、瘟疫、核战争到小行星撞击地球，这些难以预料的灾难都可能将绝大部分人类建设的辉煌文明摧毁。之后，幸存者会走上自己的进化道路。

如果不同人群被分隔在不同的地方长达上千代，不同的种族就会自然产生。打个比方，如果全球遭受致命生化恐怖袭击，对该生化病毒具有抵抗力的人将存活下来，并在被污染的环境下繁衍具有免疫力的后代。而那些没有免疫力但在庇护所求生的人就在被隔离的区域形成自己的种族。这一理论的依据能在艾滋病病毒在人类的传播中找到。生物学家称，有一些人虽然经常暴露于易被艾滋病病毒感染的环境下，却不会显示HIV阳性。原因可能就是他们的祖先在500年前的一场瘟疫中幸存下来。

23 未来世界的五种人类（下）

3. 基因人——药理超人，抑或怪物？

用基因和药理学方法来强化人类，事实上早已经出现——那些服用类固醇的好莱坞动作明星和运动健将就是最鲜活的例子。

如果把这些领域的发展视作一种新形式的进化。那么，这种进化导致一个新的人种的诞生需要多长时间呢？也许只需20年。

可以预见，科技对人类身体上的强化作用最初出现在运动场和战场上，但最终将进入普通人生活的方方面面——学习、工作甚至求偶。

目前，科学家已经通过实验，找到了让老鼠更聪明和长寿的方法，设想一下，经过强

△ 科幻电影《X战警》中的基因人

化之后，一个人能在100岁的高龄保持最佳状态，并且还希望他的后代也具有这些强化的优势，很可能出现的状况便是寻找将这些基因传给自己后代的方法，最终导致新的人种的产生。

目前，基因疗法只能在个人身上奏效，也就是说不能遗传给后代。要想遗传下去，必须对种系干细胞进行修改，而这必将引发道德上的争议。同时，种系干细胞修改技术虽然能够制造新一代的超人，但由于其不确定性，也可能带来无法预料的后果，甚至将人变成怪物。

4. 半机械人——人工智能，人机合体

飞速发展的计算机技术创造的人工智能正在以前所未有的方式"进化"，半个世纪的时间里，人工智能在一些领域已经超过了人类本身。因此，有科学家预测，真正具有智能的机器人可能在2030年诞生。这就意味着新的"机器人种族"的诞生。

另一方面，人类已经推开了将自己"机械化"的大门：从人工心脏、人工视网膜到越来越智能化的假肢。而在未来，技术的发展能允许在大脑植入智能芯片，让我们更加聪明。但问题是，在身体中加入智能机器后，人类作为一个自然物种还会存在吗？

5. 天文人——征服太空，适者生存

△ 外星人ET可能是人类进入太空之后的模样

如果人类延续的时间足够长，那么一定就会向太空扩张，形成新的人种。这些新的繁衍地必须像达尔文的加拉帕戈斯群岛进化实验室一样，要与地球足够近，以便人类能够到达；同时又要足够远，使其居民不大可能与母系物种的基因混合。

如果人类在火星上建设家园，由于火星同地球的极大差异，在那儿出生并长大的人类就不可能适应地球的环境——地球上的重力是火星的3倍。因此，在火星上，新的人种"火星人"可能仅需要几代繁衍就能形成。

如果要走出太阳系，一种设想是修建诺亚方舟式的巨型太空飞船，将人类送到遥远的星系，其间人类可能经历数代繁衍。低重力状态下四肢无需像在地球般发达。人类的毛发也不再有用。他们还可能让生命进入长期休眠状态，让机器人进行导航。当到了新驻地后，再重新苏醒，繁衍下一代，延续人类的存在。

五　谁在反对进化论？

1 赫胥黎的大辩论

1859年，达尔文的巨著《物种起源》出版，在文化界、科学界与宗教界中引起了激烈的争论。声名显赫的英国博物学家理查德·欧文是反对者中最有力的代表，匿名写下了大量措辞激烈的批评。这位创造了"恐龙"一词的优秀生物学家，是当时最具影响力的学术精英之一，从不掩饰自己对达尔文进化论的不齿："大多数达尔文的言论含糊而不完整，无法接受自然历史事实的检验。"牛津主教威尔伯福斯也写下了17000字的批判书评，洋洋洒洒列举了许多证据，以驳斥达尔文著作中的猜测性段落。

达尔文晚年体弱多病，基本上不出席任何科学活动。作为达尔文主义的支持者，托马斯·赫胥黎毅然承担起了与反进化论者辩论的重任。他深知达尔文的理论有着大量的观察与事实作为依据。他认为达尔文已经完美地对现有事实进行了归纳总结，并提出一个对这些事实最好的理论阐释。

△ 赫胥黎

1860年6月28日，英国科学促进会在牛津大学自然历史博物馆举行年会。在一位学者使用达尔文进化论解释自己的植物学研究后，欧文与赫胥黎展开了激烈的争论。欧文公开宣布他拥有可以推翻进化论假说的证据，并举出他之前一份解剖报告为例子，以证明大猩猩的大脑更接近于其他低级的灵长类动物，人类的大脑结构独一无二。然而，欧文的对手偏偏是医生出身的解剖学家赫胥黎，他当场驳斥欧文的结论，举出其他详细研究报告作为例子，直指欧文的错误。

两日后的会议被视为这场辩论的决战。超过1000人涌入了会场，由于参会人员过多，更多的人被拒绝入场。此次会议的出席者包括当时在学术圈中具有影响力的科学家。人们都预感到一个重大事件即将发生。

来自纽约大学的学者进行了长达两小时的演讲后，牛津主教威尔伯福斯轻蔑地干笑一声，要求赫胥黎回答：这个声称人与猴子有血缘关系的人，究竟是祖父还是祖母从猴子变得的？这个极富挑衅的问题，一下凝住了会场上的气氛。

赫胥黎转向自己的邻座，小声笑道："耶和华把他送到我手里了。"他起身高声

△ 讽刺进化论的漫画

答道："相比起一个用自己的才华来混淆科学真理的人，我更愿意和一个猩猩有血缘关系。"

话语刚落，四座皆惊。这个言论不仅粗鲁无礼，更是对威尔伯福斯的人身攻击。接下来的场面极富喜剧效果。一位贵族妇女当场晕倒，而更多的人鼓噪起来。

1996年，罗马的天主教教皇约翰·保罗二世在梵蒂冈首次正式承认，达尔文的进化论不只是一种假说，"在不同知识领域的一系列发现后，进化论逐渐地扎根在研究者的心中。"看似坚实无比的宗教磐石，渗出了自然科学思想的涓涓细流。

2
多样的神创论

我们一直在说神创论，到底神创论是什么意思呢？仔细研究，你会发现神创论还挺复杂。

神创论按照类型主要可以划分为：

[通用神创论]——相信宇宙是上帝在没有预先存在实体的情况下创造出来的理论学说，与所有泛神论相对立。

[生物神创论]——相信各种生物是创造出来的而不是自然形成的产物的理论学说。通常创造者被称为上帝，与进化论相对立。

[人类神创论]——相信人类灵魂是由上帝创造的理论学说，与遗传理论相对立。

[宗教神创论]——相信宇宙和地球上的生命是由全能的神所创造的理论学说，这种学说有着很深的根基，对世界历史也有着很深的见解。又可以分为以《圣经》为基础的圣经神创论和以《古兰经》为基础的伊斯兰神创论。

[哲学神创论]——是以哲学理论对抗神创论的理论。哲学神创论依靠哲学论点争论上帝的存在并且成为自然神学的一部分。

[科学神创论]——神创论披上科学理论的外衣是反对进化论和生物神创论的理论，包括

△ 讽刺神创论的漫画

了新地球神创论、旧地球神创论和智慧设计论。

在此，重点要讲的是"智慧设计论"，因为它特别具有迷惑性。

智慧设计论认为，自然界特别是生物界中存在一些现象无法在自然的范畴内予以解释，必须求助于超自然的因素，即必然是具有智慧的创造者创造并设计了这些实体和某些规则，造成了这些现象。

简单地说，智慧设计论认为地球上的生命是由外星种族创造的，而这些外星种族被人类供奉为上帝。

智慧设计论迷惑人的原因在于，它用一个万能的外星人取代了万能的上帝的位置，貌似有其科学性。事实上，"外星人创造生命"这个问题已很明显是宗教、科幻与可能性的讨论，而不是科学范围内的讨论！因为只有能够形成完整证据链的才是科学的范围。2005年，38位诺贝尔奖得主公开发表声明：虽然我们不知道外星文明能不能创造生命，但智慧设计论"基本是不科学的"，因为智慧设计论具有宗教同源性，它违背科学精神。不具备可证伪性，除非你能找到这个外星文明当年的飞船以及实验数据。

◁ 禁止宣传"智慧设计论"

智慧设计论的理论家在解释神秘现象时，总是为了图方便，引入具有无限能力的模糊概念。于是，对于神秘现象的解释就此为止，无法进行更深入的科学探索，这与科学精神是相违背的。

3
为什么还有猴子呢？

反达尔文者问：如果人类从猴子进化而来，为什么还有猴子呢？

这个问题很有意思，它反映了对进化论的无知。最明显的错误就是，进化论并没有告诉我们，人类是从猴子进化而来的，它只是说明，人类与猴子有共同的始祖。

更深层次的错误在于，新物种来自旧物种，如果它们获得了足够

△ 我为什么变不成人呢？头疼

多的，能够持续遗传的差异，又达到了足够从原有族群中区别开来的数量，新的物种就形成了。而原有物种可能继续存在，也可能会灭绝。类似的问题还有，进化论无法解释地球上的生命是如何出现的。

生命的起源仍然是一大迷局，但生物化学家已经明白了原始核酸、氨基酸和构成生命的其他成分怎样结合，怎样组织为自我复制、自我维持的单元，这些知识是细胞生物学的基础。天体化学的研究显示，这些成分可能源自太空，随着星落入地球，这或许能够解释，在地球初生不久的环境下，这些成分是如何出现的。

他们又说：根据热力学第二定律，随着时间的推移，系统会变得更加无序。所以，活细胞无法从无生命的物质中产生，多细胞的生命也不可能从原生动物进化而来。

这条指责误解了热力学第二定律。如果这样的推理能够成立，水晶和雪花也就不可能存在，因为它们是由无序的元素自然生成的。

热力学第二定律表明，封闭系统（没有物质和能量进出）的熵不会

减少。熵是一个物理概念,通常被粗略描述为无序状态,但它其实与我们常说的概念有很大区别。

更重要的是,热力学第二定律容许出现这样的情况——系统中某个部分的熵减少,而其他部分的熵却在增加。所以,地球作为一个整体,是可以变得更加复杂的,因为太阳将光和热传递给它;相比地球自身的变化,地球的熵与太阳的核聚变关系更为密切。简单的生物可以消耗无生命物质或其他形式的生命,向更复杂的方向发展。

新的问题是:突变是进化理论的重点,但突变只能消除特征,而无法产生新的特征。

恰恰相反,生物学已经记录了大量由基因点突变(发生在有机体的DNA上某个确切位置的变化)造成的新特性——譬如微生物对抗菌素的耐药性。

触角足　　卷翅

黑体　　无翅

棕色眼　　带状眼

△ 果蝇的6种突变体

物体内在规定生长的同源异型框基因(Hox)家族中的突变就能够带来复杂的后果。Hox基因直接规定了腿、翅膀、触角和躯干各节的生长位置。以果蝇为例,触角足突变会导致在本应生长触角的地方长出腿。这样长出来的肢体没有实际作用,但它能够证实,基因变异能产生复杂的结构,自然选择能够测试这些结构的可能用途。

4
进化论不是科学？

反达尔文者说，进化论只是一种理论，既不是事实，也不是科学。

根据美国科学院的定义，科学理论是"关于自然世界某些方面的，能完整证明的解释，形式可以是事实、规律、推断或是经过验证的假说"。理论只是关于自然的描述性概括，它与规律的差别不在于验证的多少。所以，科学家认为进化论只是一种理论。当然，这并不表示他们对进化论的真实性有所怀疑。

△ 适者生存

进化理论本身意味着生物在变化中繁衍，除此之外，人们也可以谈论进化论的事实。化石和其他大量证据证明，生物一直在进化。尽管没有人见证这些变化过程，间接的证据却是清楚、明确而有说服力的。所有的科学都经常依赖间接证据。

反达尔文者又说，自然选择学说的基础是循环论证：适应能力最强的物种生存下来，而能够生存的物种必定是适应能力最强的。

事实上，"适者生存"只是对自然选择学说的日常描述，更专业的描述则关注存活和生殖水平的差异。也就是说，进化论不是给物种贴上存能力高下的标签，而是描述在特定的环境下物种可能繁衍多少后代。

反达尔文者还说，进化论是不科学的，因为它无从验证，也无从证伪。它所断言的事件不曾观测到，也无法重现。

　　进化论至少能划分为两大领域：微观进化和宏观进化，而上面笼统的指斥忽视了这条重要区别。物种的微观进化随时都在发生，而宏观进化体现在物种层面上，研究种群的分类与变化。

　　宏观进化论的研究具有史学性质，它的质料来自化石和DNA，而不是直接观察。在这些史学性科学（还包括天文学、地质学和考古学，以及进化生物学）中，假说仍然是可以验证的，我们可以验证它们是否与现有证据保持一致，是否能对未来的发现做出可验证的预测。举例来说，按照进化论，在已知的人类祖先（约在500万年前出现）以及解剖学上认定的现代人（大约10万年前的人类）之间，应该存在原始人类的后代，他们的体貌特征与猿人差的越来越多，而与现代人越来越像，这一点已经被化石所证实。

△ 古猿头像　　△ 北京人头部复原像　　△ 现代人头像

　　当然，进化论也存在被否定的可能。如果我们能够找到从无生命物质直接产生复杂生物的证据，如果具有超常智慧的外星人出现，并声称自己创造了地球上的生物（甚至是特殊物种），则进化理论就值得质疑。但是，目前为止还没有出现这样的证据。

5 500位科学家质疑达尔文进化论

2006年2月21日，一份有514名科学家联合签署的声明引发轩然大波，并以"500科学家质疑达尔文进化论"的报道传遍地球，然后进一步被某些不良记者渲染成"进化论早被西方推翻"，到处宣扬。那么，这个消息是否属实呢？让我们看看详细事情经过。

签名本身是真实的。一家名叫"发现研究所"的机构发起，共有514名科学家签名。这家机构以提出"智慧设计论"闻名。但后续分析却是错误的。

签名事件发生后，美国科学界做出了迅速反应，一个新组织"科学同盟"不久便成立。该组织由美国科学促进协会年会的与会科学家在圣路易斯市宣布成立，目的就是反击保守神学界借助"智慧设计论"对进化论的攻击。

《科学》执行发行人艾伦·莱什纳在接受记者访问时表示："'智慧设计论'毫无科学根据，也没有任何可进行试验的问题。这是宗教或哲学的事，与科学是无关的。因为不论叫做'智慧设计者'还是上帝，

▽ 漫画：人的进化

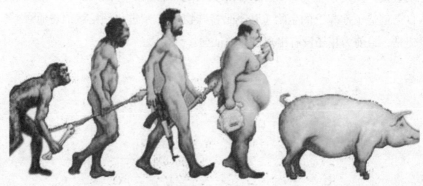

'智慧设计论'依然指的是某种超自然生命。科学仅限于用自然来解释自然世界，而不是用超自然。"

而且，在1000万名科学家中，谁都可以找到500人去相信并且签署什么东西。在这个全球化时代，任何细微的声音都能得到响应。哪怕你说月亮是方的，去找人签字，也能找到好几千。而且，签署这份声明的科学家们并不是进化生物学、宇宙学、古生物学或是其他相关领域的专家。更为重要的是，进化论已经毫无疑问地被大多数科学家所接受。

为了回应500科学家签名的骗局，美国国立科学教育中心也组织了一个科学家签名活动。针对的内容就是明确支持进化论，并承认进化论是被证明的理论。

真正具有讽刺意义的是对签名的要求：并非所有同意这个宣言的科学家都可以签名，而是只有名字叫Steve或其变种比如说Steven、Stephen、Stephanie等的科学家才可以签名。不叫这个名的科学家即使支持进化论也不在其中，充分展示出科学家对进化论的信心。而签名的结果也令人振奋，很快就得到了814位名叫Steve的科学家的签名，其中包括我们大家熟悉的斯蒂芬·霍金和朱棣文。

科学界大多数成员认为"智慧设计论"不是站得住脚的科学理论，只是一种伪科学。美国国家科学院明确表态，认为"智慧设计论"和其他"超自然力量对生命起源的干预学说"不是科学，因为它们无法用实验检验，并且自身无法产生预测和新的推论。

一个基本的科学精神是：科学容得下质疑，进化论提出了100多年来，经历了无数的质疑，这些质疑乃至批判使得进化论不断完善自身；但由达尔文确立的几条进化论最基本的规则从来没有被推翻过。

6
达尔文晚年反悔了?

  攻击达尔文,是反进化论者经常做的事情。比如,达尔文的进化论是抄袭华莱士的,达尔文晚年后悔了等。抄袭事件前面已经说过,不再赘述。这里重点说说达尔文晚年悔悟的谣言。

  在一些"福音书"中,常常可以看到一些关于达尔文悔悟的故事。有的甚至说达尔文最后认罪悔改成了基督徒。其中,最著名的是关于霍浦夫人在达尔文临终前对他的访问记。

  有关叙述引摘如下:达氏晚年经常卧病在床,见他穿着紫色睡衣,床头放些枕头,支持身体;手中拿着《圣经》,手指不停地痉挛,忧戚满面地说:"我过去是个思想无组织结构的孩子,想不到我的思想,竟如野火蔓延,获得多人信仰,感到惊奇。"他叹了口气,又谈了一些"神的圣洁""《圣经》的伟大"。又说:"在我别墅附近住了30个人,急需你去为他们讲解《圣经》。明天下午我会聚集家仆、房客、邻居在那儿,"手指窗外一座房子,"你愿否与他们交谈?"我问他说:"谈些什么问题?"他说:"基督耶稣,还有他的救赎,这不是最好的话题吗?"当他讲述这些话时,脸上充满光彩。

  从这段记述看,达尔文晚年是完全悔改了。但这是否真实,"霍浦夫人访问记"是否真有其事呢?现代学者经过仔细研究,列举了充分的事实,说明达尔文晚年并无悔意,而且霍浦夫人是一个杜撰的人物。

  关于霍浦夫人的有关传说可以追溯到1915年,甚至更早一些。上述故事中,霍浦夫人的访问是在一个明媚的秋天的下午,这显然与事实不符,因为达尔文去世时是1882年的春天,而不是秋天!

  那么,霍浦夫人的访问是否发生在达尔文去世的前一年的秋天呢?即是否在达尔文去世前的六个月访问的呢?那也是不可能。因为从1903

△ 位于英国自然历史博物馆的达尔文坐像

年发表的一些达尔文的书信看，他一直坚持无神论和进化论观点，即使在他去世前一个多月所写的一封信里（1882年2月28日），他仍坚持他的无神论观点："如果生命能起源于这个世界，这一极重要的现象一定基于某些自然规律。对于一个有意识的神，能否被自然规律所证明的问题是令人困惑的，我一直在思考，但我的思路无法理清它。"

由此看来，"霍浦夫人访问记"乃出于虚构。那么，这个故事是谁编出来的呢？很可能是达尔文的遗孀爱玛。爱玛出身于英国圣公会唯一神教派的家庭，她素来厌恶达尔文关于人类的道德也是进化来的观点。所以，她曾让人在达尔文故后出版的年鉴中涂抹掉某些情节，以维护这个家族的好名声。"霍浦夫人"的出现也许是爱玛的"功劳"。

毫无疑问，"霍浦夫人"是虚构的，但有一点是十分清楚的，进化论是达尔文世界观、哲学观的表现，而且是至死不变的。

7
史前文明真相（上）

　　在人类崛起之前，是否还存在着其他史前文明呢？5亿年前的脚印，50万年前的火花塞，17亿年前的核反应堆……这些在本不该出现的地方出现的人造物，究竟是怎么一回事？神创论者总喜欢用史前文明的存在否定进化论，到底史前文明的真相是怎样的呢？

一、三叶虫上的脚印

　　流言： 1968年，一名化石爱好者敲开一块石板，发现上面居然有一个"鞋印"，踩在两只三叶虫上。不少神创论者，都将"脚印"标本视作对进化论和传统地质学的严峻挑战。

△ 左：三叶虫上的脚印。这块珍贵的标本，现珍藏在美国德克萨斯州的神创论证据博物馆中
右：三叶虫化石

　　真相： 地质学家认为，这不过是岩石中某个坚硬的部分剥落下来，剩下的部分看起来像鞋印罢了。足迹化石需要暴露在环境中，而且会产生压力变形——显然这个"鞋印"不具备这两个特征。

　　心理学有一个名词，来形容这种将模糊、随机的图案赋予实际意义的现象，叫"空想性视错觉"，例如火星上的人脸，人民币上的跪拜猫等。

△ 切开后的"科索人造物品"

二、50万年前的火花塞

流言： 1961年，三名矿物爱好者在美国加州找到一颗"晶洞"，切开后，里面竟镶嵌着一个类似内燃机上用的老式火花塞。这便是"科索人造物品"。有人转述地质学家的意见称，形成这枚晶洞至少需要50万年。50万年前，会是谁制造了这样一件闪耀着现代科技光芒的物品？

△ 真正的晶洞

真相： 这的确是智慧生命的杰作。不过，它的制造者正是人类自己。这是由Champion公司于上世纪20年代生产的火花塞。而包裹它的并非晶洞。晶洞常形成于岩石中的空腔，溶解的硅酸盐（或碳酸盐）沉淀在空腔的内壁，逐渐发育成晶洞。晶洞的外部通常是玉髓（即隐晶质石英），内部生长着石英晶体。而"科索人造物品"没有这些特征，它表面莫氏硬度为3，远低于玉髓，可能只是硬化的黏土，或是火花塞表面的铁形成的氧化物结核——这一过程只需要数十年。

三、16世纪的南极地图

流言： 早在1820年人类第一次发现南极洲之前，16世纪的地图竟已经精确描绘了南极大陆的轮廓。在这张由奥斯曼帝国海军上将皮尔·里斯在1513年编纂的地图上，南美洲的底部竟然和一大片大陆相连。有人猜测，在南美洲与南极洲分离的2300万年前，南极已有文明出现过。

真相： 其实，自托勒密时代起，就有人主张为了平衡北半球的诸多大陆，地球的南方存在着一个辽阔的大洲，所以很早以前，不少地图都有一个假想的南方大陆，通常与美洲或澳洲连为一体。也有历史学家认为皮尔·里斯地图上的南极大陆，不过是南美东海岸的错误变形，扭曲到了夸张的角度。至于这张地图对南极勘测的精确度，就更无从谈起了。

8
史前文明真相（下）

四、17亿年前的核反应堆

流言：自然界中，铀同位素含量的比例应该是一致的，铀238为99.27%，铀235为0.72%，其余为铀234，其中只有铀235可作为核燃料。可1972年法国从非洲加蓬奥克洛地区进口的一批铀矿中，铀235仅有0.717%，这似乎只能指向一个可能——这批铀矿已经被人使用过。果然，研究人员在加蓬奥克洛地区发现了共16处史前核反应堆，它们从17亿年前（另有说法称是20亿年前）开始运行，断断续续持续了几十万年。当时的地球还是细菌和蓝藻的舞台，会是谁构建了这么精巧的核反应堆呢？

真相：奥克洛这个看似寻常的小镇，一系列巧合的自然条件，使得天然核反应堆得以发生。首先，随着20亿年前地球大气中氧气浓度的增加，铀能够以氧化物的形式溶解于水中，从而富集到一处；其次，17亿年前铀235的含量约为3.1%，满足反应的临界值；再者，这里的铀矿被多孔渗水的砂岩包围，地下水渗入铀矿中，作为中子减速剂。当反应释放热量过多，水会蒸发，使反应减速或停止，直到水重新冷却，再开始反应；最后，这里的矿脉中也没有大量的硼、锂等可以令核裂变反应停止的元素，以致反应进行了数十万年。

五、南非凹槽金属球

流言：在南非的叶腊石地层中，矿工常会挖到一种神秘的"金属球"，距今约30亿年。令人称奇的是，金属球的圆周位置常蚀刻着三条并列的凹槽。这样的形状不禁让人浮想联翩。

真相：地质学家对这种现象再熟悉不过了——结核。成层的沉积物颗粒中有很多容许溶液流通的孔隙。溶液中的矿物质围绕着某一中心层沉淀下来,从而形成与周围岩层成分不同的矿物质团块。这些团块通常要比周围岩层更坚硬,也更抗风化。将这些神奇的"南非金属球"切开后,可以看到同心圆状的纹层和放射状结

△ 美国加州的"保龄球"海滩

构,这正是结核的特征。至于球体上的这些凹槽,则是受周围地层的影响留下的。

把自然产物当做是智慧生物的作品而啧啧称奇,这种张冠李戴的事可不少见。

1964年,一艘考察船在好望角附近3904米深的海底拍摄到类似天线的物体,经鉴定只是一只海绵。在俄罗斯堪察加半岛发现的4亿年前的机械齿轮,不过是海百合茎的化石。

比起上述案例,另外一些关于人类史前文明的流言,则是不折不扣的伪造。比如伊卡石——这种出产于秘鲁的石头上刻有神秘图案,包括恐龙与人类共同生活,超前的外科手术图等。一度有人鼓吹,这些迹象记录着一个已经湮

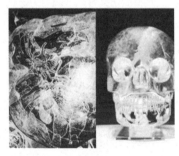

△ 左:伊卡石展品
右:大英博物馆中的水晶头骨

没的人类远古文明,但后来一名制作者跳出来坦言:"制造这些石头比种地容易。"此外,"水晶头骨"——这些由透明石英打造成的人头骨模型,一度流传是前哥伦布时期美洲阿兹特克文明或玛雅文明的产物。后来证实,其实际完成年代是在19世纪中叶或更晚。现在看来,这类文物的神秘形象,也只是文学、影视作品大肆渲染的结果而已。

9

对进化论的六大误解（上）

自以为明白进化论的人，往往在许多方面弄错了。如果你答错了以下问题，就请看看正确答案，以免被某些似是而非的反进化理论裹挟而去。

问题一：一切都是自然选择的结果？

错。并非所有的生物特征都是自然选择的结果。

人们往往认为一切生物特征都有其用处，但这是错误的。雄性的乳头有什么用？雄性的乳头没有消失，是因为长乳头无需什么代价，因此没有进化出雌雄不同发育模式的压力。再比如人和人的嗅觉区别很大，和自然选择没多大关系，主要是嗅觉感受器的基因有所差异。

有些特征是自然选择的，但全因沾了另一个特征的光。比如俾格米人的矮小并无生存优势，而是提前分娩的副作用，提前分娩有利于在高死亡率种群中生存。一个有利于生存的基因，可能在另一方面具有完全不相干的表现。

无用的基因如果邻近有益的基因，也可能"搭便车"，一同在种群中扩散。比如鸵鸟的翅膀这类退化器官仍然保存，是因为其对个体生存的机会没有影响。人类的一个例子是阑尾，另一个例子则是智齿。

问题二：进化有无限的创造力？

错。虽然生物结构的多样性令人惊叹。但事实上，

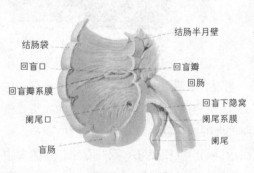

结肠袋
回盲口
回盲瓣系膜
阑尾口
盲肠
结肠半月壁
回盲瓣
回肠
回盲下隐窝
阑尾系膜
阑尾

△ 盲肠和阑尾

有一些显然很有用的结构，并未进化出来。

为什么有的结构进化出来了，有的进化不出来？答案是：若一种结构在其尚未完成时，对生物也有某种用处，就可以被保留下来，逐步演变到如今的样子。不然，就进化不出来。

有人认为眼睛、细菌鞭毛太复杂精巧了，不可能是进化的。他们质疑：进化到一半的翅膀有用吗？有用！昆虫的翅膀可能是从可拍打的鳃——用以在水面划行——进化而来。

一个能联络同伴、发布警告的无线电波收发系统之所以没进化出来，是因为单单有接收无线电波的能力，并不能改善动物的处境（不能接收，也就没必要发送）。半个系统没用，就谈不上从半个进化到一整个了。可见，进化并非无所不能。

问题三：自然选择让生物越来越复杂？

错。事实上，自然选择的压力让生物"不敢"太复杂。洞穴鱼没有眼睛，寄生绦虫没有内脏，海星和海胆丧失了脑。这些都是自然选择朝向更简单方向的例子。

生存压力较小时，生物更有机会进化成更复杂的形态。因为"时世艰难"的话，一个增加了生物复杂度的

△ 海胆失去了大脑照样生活

无用的变异可能因为耗费资源而被淘汰；如果环境宽松，这一变异保留下来的机会就比较大，并且可能由于随机基因漂移扩散开来。从单细胞生命到人类，基因越来越复杂，原理可能就是这样。自然选择并不青睐我们。

10
对进化论的六大误解（下）

问题四：进化产生完美？

错。许多人认为生命完美地适应了环境，因此才能在竞争中生存。这是错误的。比如人们曾以为红松鼠完美地适应了英国的阔叶林环境，其实后来者灰松鼠被证明适应能力更强。生物不需要完美，只要不比竞争对手差，就能活下去。

熊猫的"拇指"并不适合抓握竹子，因为它是腕骨进化成的，远不如拇指好用，没办法，真正的拇指和手掌已经分不开了；鲨鱼缺乏鱼鳔，只能用游泳和偶尔憋气的法子来控制浮力；哺乳动物的肺远不如鸟类的肺有效率；脊椎动物的眼睛有盲点。尽管有这些缺陷，但它们仍活下来了。

个体数量越多，进化越快。一个细菌十年之内能产生10万代，而人类自从进化出来后，只繁衍了不超过2.5万代。我们能在有生之年看到新病毒的出现，却看不出人类有什么变化。

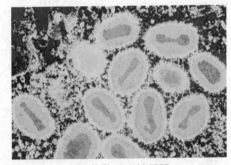
△ 细菌的适应性很强

最近1万年，人类的进化加速了，但离完美还差得远——肥胖、近视、成瘾都证明我们不那么适应改变了的环境。与接近完美的病毒和细菌相比，人类只是一个粗略的"草稿"。

问题五：进化论什么都预测不了？

错。进化论的预测力有限，但已被用来预测了。考古生物学家根据

◁ 提塔利克鱼化石及复原模型

进化论预测在哪种岩石和哪个地层中，会存在转型化石。他们成功了，半鱼半两栖动物的"提塔利克鱼"就是这样重见天日的。

另一个例子，如果转基因作物产生杀虫剂，昆虫就会进化出抗杀虫剂的能力。进化论预言，如果在转基因作物周围种上正常作物，昆虫抗药能力的进化会慢一些——这也被证明了。进化论还让我们想到，采取几种药物复合的"鸡尾酒疗法"，可以减慢病原体进化出抗药性，因为只有凑巧获得好几种不同的变异的病原体才能生存，这个几率太小了。

问题六：自然选择是进化的唯一方式？

错。生物的许多变化来源于随机遗传漂变，或者说偶然。黄种人和白种人的头形不同，为什么？须知颅骨形状不会影响一个人的生存能力。在这里，偶然比自然选择更重要。

每个人类胚胎都包含100个或更多的变异。大多数变异没什么作用。另一些则导致微小变化，但说不上是有害还是有益，能否广泛传播，完全是靠运气。举个例子，一个岛屿上有两种老鼠，有斑纹的100只，无斑纹的1000只。一次火山喷发，摧毁了1000只无斑纹的老鼠和80只有斑纹的老鼠。从此岛屿上的老鼠都是有斑纹的了。这就叫幸者生存，而非适者生存。

一个种群中个体越少，越容易被偶然重塑。幸者生存机制在人类进化中肯定也扮演了重要角色——人类数量一直到1万年前都很少。人和猿的不同，以及人种的不同，应更多归因于基因漂变，而非自然选择。

六 进化论的应用与拓展

1
进化分析洗冤录

1998年，美国路易斯安那州，一位叫施密特的胃肠科医生闯进女护士多伯特的房间，强行给多伯特打了一针。此前，多伯特曾在施密特的诊所担任护士，两人的关系一度非常密切，但发生这件事的时候，两人已经分手。

几个月后，护士开始生病，血液检测表明她已经被HIV感染。于是，受害者到地区检察官办公室提出谋杀指控。办公室的侦办人员很快申请到搜查令，对施密特医生的办公室展开调查，结果找到了他的记事本，还在冰箱里发现了一管血液。对此，施密特医生辩称，这管血液取自他的一名HIV阳性病人，是供他自己研究使用的血液。他承认给多

△ HIV病毒

伯特强行注射过针剂，可施密特医生声称那只是一针维生素B，目的只是恐吓多伯特护士回到他的身边。

现在的问题是，如何证实导致多伯特护士感染的HIV来自施密特医生家冰箱里的HIV病毒？传统的医学分析手段毫无办法，难道就眼睁睁地看着犯罪嫌疑人逍遥法外么？所幸，这时一门名为"进化分析"的学科已经发展起来。三位科学家受到检察官邀请，前往路易斯安那州，作为科研人员及专家证人参与起诉施密特。

这三位科学家先对护士感染的HIV谱系和医生样品中的HIV谱系进行系统的进化分析。基因测序表明，其中一个进化速度相对较快，编码了部分病毒衣壳，另一个进化较慢，编码了病毒的逆转录酶。另外，他们还从30名HIV病毒感染者体内抽取了血液样品作为参照。

　　对病毒衣壳基因的分析显示，相对于参照样品，受害者和医生样品的HIV序列构成一对姐妹分支。任意两个HIV感染者携带如此高相似性病毒的概率几乎为零。这个结果与护士的指控一致，即医生是把来自HIV病人的血液注射给了护士。

　　然而还存在一种可能，即护士是病人从那里感染了HIV病毒。从进化较慢的逆转录酶基因序列得到的系统进化分析结果表明，护士体内的病毒进化相对较晚，是从嫌疑血样中HIV病毒的一个分支演化出来的。这一结果明确证实，正是嫌疑血样中HIV的病毒感染了这名护士。

　　法官最后判定施密特医生谋杀未遂罪名成立，判处有期徒刑50年。

　　在这个案件中，三位科学家合作完成了相关的分子生物学研究，为将罪犯绳之以法提供了坚实的证据。此案使"进化分析"举世闻名。

△ 进化医学是当前医学最前沿

　　进化分析是基于分子时钟的概念。研究表明，DNA序列会随时间的改变而改变，其速率也是大致可以预测的。DNA的位置不同，各自时钟的运作速度也可能不同。人类DNA在某些区域进化非常迅速，这些区域可以用作遗传标记，在罪案调查和亲子鉴定等方面大有用处。

　　美国公共政策机构"昭雪计划"积极宣扬利用遗传标记进行冤案平反，并对类似案例进行追踪。据该机构报告，1989年以来，"遗传标记不符"已经使200多人沉冤得雪。

2 与微生物病原体的"军备竞赛"

就像人类永远无法摆脱犯罪一样，传染病也将永远与人类为伍。在整个人类历史上，寄生性病毒、致病性细菌、真菌和寄生在人体内的各种生物一直随着人类的进化而进化。遍布全球的人类为微生物病原体提供了广阔的生存空间。

为应对病原体，我们进化出效率极高的免疫系统，使我们在活着的大多数时间里不受病原体的干扰。同时，借助现代医学，我们能战胜其中一些危险分子，甚至能彻底消灭少数病原体（比如天花病毒）。然而其他病原体仍然会进化，并试图侵入人体，大肆破坏。事实上，从人类诞生的那一天起，人类就置身于这场没有尽头的"军备竞赛"之中。

△ 天花病毒

DNA系统进化分析是目前确定未知病原菌及其基因的最佳方式。这种方式可以确定病原菌的谱系，从而了解它们的进化历史。亲缘关系较近的物种更可能拥有相同的可遗传生活史特征。而了解病原体的谱系，我们就能对它们的复制、传播方式及其最喜欢的生存环境提出有价值的假说。利用这些关键信息，我们便可以提出合理的建议，尽量减少病原体的传播机会，甚至可能提高针对它们的免疫力。

要弄清楚进化机制，我们必须明确突变产生的原因，了解自然选择和偶然事件对某一项可遗传变异的起源和维持分别起到何种作用。

以禽流感为例。禽流感，全名鸟禽类流行性感冒，是由流感病毒引起的动物传染病，通常只感染鸟类。野生鸟类是禽流感病毒的主要来源，而迁徙的候鸟将禽流感带往世界各地。禽流感病毒原本高度针对鸟类，但在罕有情况下会跨越物种障碍感染人。

◁ H7N9禽流感来了

为什么鸟类才会感染的禽流感会有能力传染给人类呢？进化分析表明，禽流感病毒在少数情况下会感染猪，而猪就充当了禽流感在鸟类与人类之间的中间宿主。原本不会感染人的禽流感在猪身上发生变异，变成能感染人的新型病毒了。

因此，科学家建议养殖户要将家禽和家猪分开饲养在封闭的设施中，同时要避免它们与野生鸟类接触，以减少禽流感产生变异的可能性。

进化分析还显示，流感病毒的基因组有8段特殊的基因片段，可以在来自不同宿主的毒株之间相互混杂并组合。这种被称为"漂变"的特殊基因重组方式，再加上DNA序列突变，赋予了流感病毒变化无穷的能力。这也是为什么至今还研制不出流感疫苗的原因。你刚研制出针对这种流感病毒的疫苗，它已经变了，疫苗也就无效了。但是，通过了解特定DNA片段和已知致病性突变的系统进化史，再对采集自不同地区的样品进行分析，我们能够预测流感的扩散传播趋势，并锁定研发疫苗的候选靶标。

3

免疫细胞怎样进化?

免疫系统的B细胞表面,都携带着一种特殊的防御分子。这种分子可识别病原体的某些结构——即所谓的抗原——类似于一把钥匙可以插入一把特定的锁这样的方式。接着,这种分子生成一定的形态,离开B细胞而进入身体的淋巴液和血液循环。如果遇到抗原,它就会和抗原结合,并发生中和作用,使抗原失去危害性,或者对免疫系统中的其他效应物发出一种警报。

◁‖ B细胞结构图

但是,打个比方来说,现在有一个地方发生感染,防御分子却并不适合这些抗原,免疫细胞要如何进行呢?引起这种过程中的变化,免疫学家把它称为"体细胞高度突变",这一过程使得防御分子对抗原的黏附性增强。

但是,如何知道这种免疫细胞任意突变的过程,是以正确的方式进行的,即防御分子将怎样更好地适应抗原?现在,一个由英国、德国和瑞士的科学家们共同合作的项目,已经能够回答这个问题。借助数学模

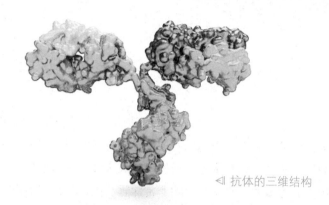

◁ 抗体的三维结构

型和多次实验检验，研究人员们发现，由于遭受病原体持续不断威胁的选择压力，毫无疑问地，免疫细胞会对选择压力做出的一种调整。这一过程发生在淋巴结内称为生发中心的位置。在这里，成熟的B细胞与抗原遭遇防御分子，来自生发中心产生防御分子的位置重新出现完全成熟的抗体，并在那里与病原体片段结合。同时，免疫细胞会优化它们的表面分子，达到与抗原最佳的拟合状态。一旦这种免疫细胞具有了能更容易与抗原结合的那把"表面钥匙"，它们就能接收存活的信号，并固化自己关键的形态。

这就是达尔文所描述的，在分子水平上的"最适者生存"。在这个过程中，B细胞能通过选择压力，来促进它们自己的进化。这一结果，对新疫苗的研制也有重要的意义。

这种惊人的机制，在未来可能用于改进常规接种疫苗的方法。科学家们推论，加入防御分子可以影响接种疫苗的反应，因此新产生的防御分子与外部引入的防御分子即刻就处在竞争之中。于是，就加强了选择的条件，而使B细胞更早地产生最佳的防御分子。这也会使接种的疫苗更快地产生效果。

4
人工选择

　　我们今天利用的几乎所有的动植物都是在千百年前驯化的，有的（绵羊、山羊、狗、小麦和稻谷）则至少有9000年了。驯化有可能最初始于驯养，然后是捕获饲养，最终发展成为选育特殊性状。这也许是进化应用方面的最初试验，其影响非常深远，因为社会因此由狩猎—采集模式发展成为农耕模式，文明也由此诞生。

　　尽管在过去的1000年中新驯化的物种并不多，但我们不断优化了已有的品种。人工选择的成功之处体现在它能创造出原始物种没有的极端表现型。比如，奇瓦瓦小狗、圣贝尔纳狗、斯塔福猎犬，以及与众不同的金毛犬。这些狗在野生环境中绝对看不到。此外，在植物中，植物现代品系的果实比它们的祖先要大；玉米也显著地不同于它的祖先——墨西哥玉米。

　　自然或人工选择模型由三部分组成：（1）变异；（2）遗传；（3）有差别地繁殖成功。达尔文的进化理论主要是建立在对于变异与有差别地繁殖成功的

△ 狗的品种如此之多是人工选择的结果

理解之上，但是他对遗传的理解的确很薄弱。对遗传理解的空白在20世纪初由孟德尔的工作得以填补，后来又由于将进化生物学和农业联合起来以优化人工选择方法而得以进一步发展。由于两个领域均进行性状位点定位工作，这一极富效率的合作至今仍在发挥作用。

　　然而另一个进化理论，遗传学和农业之间的联系倒未能富有成效。19世纪30年代，李森科反对达尔文的自然选择理论，赞同拉马克理论，认为后天获得的性状可以遗传。李森科后来升任苏联农业部长，这直接

导致了苏联遗传学研究的错误并使其农业蒙受损失。李森科主义昭示了让政治以及其他非科学的思想意识干预科学实验的危险性。

从历史上来说，人工选择是对有差别繁殖成功的一个操纵。最接近所需表现型的个体被选来用作繁殖下一代的亲本，其他欠理想的个体则从饲养的种群中去除。在这一过程中，变异和遗传的成分都存在，但并不受人为操纵，也不偏离它们的自然状态。人工选择也很少会刻意改变遗传突变率，但是有些用来引入变异的"野生杂交"有可能使得突变率提高，这是通过诱导转座或其他突变机制实现的。虽然人工选择的遗传机理与在自然选择过程没有什么两样，但杂交操作经常能增加筛选隐性表达性状物种的几率。

人工选择已经进入了一个新的生物技术阶段。与农业相反，生物技术擅长促使小东西（比如分子和微生物）发生进化：变异、遗传和有差别地繁殖成功均受到人为调控。生物技术中用到的方法包括对整个基因组进行DNA测序，确定分子结构，测定基因表达水平，使得人工选择的水平达到了空前的高度。将实验、复制、产物导向的研究以及结果分析统一在一起，可以使我们快速地获得想要的科学成果。

⚠ 品种繁多的金鱼

5
人类如何影响其他物种进化（上）

通过使用工具，我们帮助那些对我们有用的物种生存了下来，这其中包括酿酒用的小麦、酵母菌，提供肉食和牛奶的奶牛，如同建造了一个其乐融融的花园。

但是我们无意中也培植了另一个花园，这个花园充斥着杀戮、灭绝，更可怕的是，还有数量惊人的有害生物，它们坚韧顽强，让我们最有效的武器也徒呼奈何。现在它们卷土重来，它们就是毒素，就是病原体。它们犹如跗骨之蛆，摆脱不得。以下是我们培植这个花园过程中的十个侧写。

△ 无边的稻田是人类运用人工选择改造自然的标志之一

1. 石矢纷飞，血肉横流

从第一件石制武器开始，到它那些寒光闪闪的继任者，它们开始担当生命裁决者。最初的影响可能微不足道，但直到一万年前，我们已经让陆地上很多体形巨大的动物成为历史。这份名单包括了乳齿象、猛犸象、美洲猎豹、巨袋鼠——当然光荣上榜的远不止这些。在人类觉醒的征途上，我们漏掉了那些繁殖力极强或者能在第一时间躲避探查的较小型物种。

△ 渡渡鸟，一种被人类灭绝的鸟

2. 从大鱼到小鱼

我们不仅改变了陆地上物种进化的模式，而且使得海洋中鱼类也越来越迷你化。渔民更愿意捕捉大鱼，而渔业规则也往往禁止捕捉鱼群中的小型个体。作为应对，鱼类进化出了一种能力，它们能用更小的体形或在更低的鱼龄时繁殖。因为长大就意味着被捕，如果它们能在这之前生儿育女，所携带的基因就容易遗传下去。当被过度捕捞时，美国鲽鱼、大西洋鳕鱼、大西洋鲱鱼、大西洋鲑鱼、红点鲑、奇努克鲑鱼会不约而同地减慢生长速度，加快性成熟。曾经，大个头的鳕鱼一口能吞下一个小男孩，而今情形几乎反了过来。

3. 抗菌失效

几亿年来，为应对来自真菌等其他物种的威胁，细菌在持续进化。细菌和真菌为了争夺食物连番大战，经常使用化学武器。真菌手持抗生素长矛，而细菌进化出相应的抗性作为盾牌，进而真菌进化出另一种抗生素。然而最近情形有了些变化。人类发明了抗生素（或者说，从真菌那里"山寨"了过来），这让我们可以杀灭细菌，更重要的是可以对付细菌感染。然而，抗生素用得太多、过低剂量使用和不加选择地使用导致菌株进化速度加快。鉴于成百上千的菌系已经对超过一打的抗生素产生了抗性，万般无奈之下，我们只能寄希望于发现新的抗生素，而这注定"路漫漫其修远兮"。

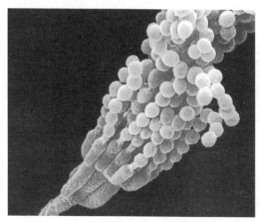

◁ 青霉素的发明曾被认为是人类战胜传染病的里程碑

6 人类如何影响其他物种进化（中）

4. 病毒变异

比起细菌，病毒能更快地变异。例如，用于治疗艾滋病的鸡尾酒复合药物疗法，就是为了应对HIV病毒的快速变异而开发的，用以减缓病毒对药物产生全面抗性。即使HIV病毒可能对单一药物产生抗性，但对三种药物同时产生抗性的几率却低得多。与此类似，每年流感通常爆发于亚洲，但当病毒传播到北美时，已经与在亚洲时有所不同。流感病毒的进化不仅取决于人类的应对措施，也受人口数量、人的行为方式的影响。甚至有一些其他种类的病毒，在人体内部就可以变异。想想，导致你本人生病的病毒和你传播给别人的病毒可能就有些不同。

5. 杀虫剂

野外环境下草场中的植物有约三分之一被食草动物啃食。而在我们的庄稼地里，这个比例仅仅为百分之十，这份功劳部分要归到我们每年使用的23亿千克杀虫剂头上。但在害虫被遏制的同时，许多益虫也呜呼哀哉，而抗杀虫剂的物种则获益匪浅。对杀虫剂的抗性已经成为成百上

◁ 农药杀虫剂"敌敌畏"

千种昆虫的"免死金牌"。类似用杀虫剂毒杀昆虫，农夫也使用杀菌剂灭杀真菌。现在几乎所有种类的杀菌剂，都能找到对其产生抗性的新的植物病原体。

6. 除草剂

如果你放任一块地里的植物生长，为争夺有限的阳光它们会越长越高。起初，人们为了抑制这种竞争，采取铲除杂草、把杂草种子从谷粒中一粒一粒剔除出去的方式。这种挑选中你当然不能神目如炬，这就会导致世系复杂的野草把其种子伪装成谷粒的模样。后来除草剂成为我们的选项，在草坪或田地里，野草在结籽之前就被灭杀干净。野草进而进化出了对除草剂的抗性，而不再在乎我们能不能筛出它的种子。现在，有超过100种野草已经对这种或那种除草剂具有了抗性。当我们清理一块地，耕耘、施肥料、喷除草剂时，抗除草剂的野草也在享受着我们劳动的成果。

7. 环境毒素

伴随人类的生产活动，有毒物质被排放到环境中。通常它们会影响我们周围物种的健康，有时它们也会把触角伸到物种进化环节。PCBs（多氯联苯）曾被用作工业冷却剂，尽管性能优异，却具有毒性。在某种程度上它通过阻断生物体内的一种受体（AHR2），毒杀鱼类和其他动物。在PCBs富集的地方，具有正常AHR2受体的鱼类死了。有一些AHR2受体稍稍不同，不太容易与PCBs结合，具有这种受体的鱼类就接收了前者的食物和领地，幸存下来并且大量繁殖。

然而，PCBs原本不是用来筛选物种的，但事实是，对那些与它对上眼的物种和个体（而不是全部的），它献上死亡之吻；对有这种抵抗力的个体，则不予理睬。令人不安的是PCBs并不是一个人在战斗，与它并肩作战的有重金属、镉、浮油等很多人类排放的污染物。这支突击队大大加快了物种抵抗力的进化，包括有毒生物的进化。

7

人类如何影响其他物种进化（下）

8. 硕鼠硕鼠，无食我黍

大约从一万年前人类开始耕作起，大小老鼠就蹑步在人类身后。不难想象，可能从那时起我们就开始执行灭鼠政策。不过最近我们开始款待老鼠了，我们准备了丰盛的食物，色香俱全，再配上致命的化学佐料，诱惑难挡。面对如此大餐，生活在森林和其他野外环境的老鼠会不假思索地大快朵颐。

△ 家鼠是人类试图控制却从来没有成功的对象

但与人类生活在一起的老鼠却不这样做，至少不再这样做了。面对新食物，它们会等等再说。一些研究人员的观点认为，由于我们主动向老鼠提供食物，因此城市里的老鼠面对这种新威胁时，进化出了"新奇恐惧症"。

我们的介入影响了老鼠进化，这里有一个最清晰的例子，那就是老鼠进化出了对鼠药"杀鼠灵"的抗性。以携带这种抗性的老鼠群体为靶标，我们又研发了"超级杀鼠灵"，不过最近又有老鼠进化出了这种新鼠药的抗性。

9. 城市植物

市区中有的地方适宜植物生长，有的地方不适合植物生长，前者零星

△ 城市是人类对于地球表面最大的改造

分布在后者的包围中。那些散播距离远的植物种子很有可能散布到不适合生长的区域（比如混凝土建筑与人行道），从而失去发芽的机会。这导致的结果是，一些植物进化出了数量更少、体积更大、传播更近的种子，而不是体积较小、能传播很远的种子。

尽管这种快速进化带来了短期的生存优势，但在环境快速变化时，这也可能削弱了植物的适应性。与此同时，虽然城市取代了原来的地貌，但是成千上万种植物也有了新的生存机制。这些机制林林总总，比能更远地传播交配信息，或者是能简简单单地在玻璃钢筋丛林中找一个安身之处。

10. 新的加拉帕戈斯群岛

我们发明的工具中，有很多不可避免地影响了周围物种的进化，石制武器和抗生素只是其中两例而已。仅仅是到处走走就能带来很多改变，这些改变很多是无害的，但全部是无意之间造成的。我们带着甘蔗蟾蜍、野猪、小家鼠、褐家鼠、杂草、麻雀、路面蚂蚁和成千上万种其他生

△ 甘蔗蟾蜍

物游历全球。这些物种早就适应了我们的工具，它们同样适应了所面临的新环境。

最近一项研究显示，一些证据表明澳洲几百种外来植物中大部分已经发生进化，变得更小、更耐旱了。甘蔗蟾蜍进化出了更长的腿，以帮助其统治新的领地。在有甘蔗蟾蜍的地区，蛇类进化出了更小的嘴（嘴大的蛇能吞下甘蔗蟾蜍并因此丧命）。引进到加那利群岛的秃鹫进化出了更大的体形。在别的地方，有证据显示麻雀、甘蔗蟾蜍、家蝇与其他很多物种都在不同地区表现出不同的进化模式。每个被我们引进新生物的地区都是一个新岛屿，被引进的新物种就是达尔文的"加拉帕戈斯鸟类"的翻版。

8

进化论与心理学（上）

　　作为20世纪最伟大的三大理论之一的进化论在生理机制方面得到了广泛的重视和研究。甚至可以说它是现代生物学的基础，没有进化论，就没有现代生物学。然而在个体的另一方面，心理机制上，进化论却没有那么幸运，直到近20年，进化论才在心理学方面有所发展。

　　要想研究进化论心理学在各领域的应用，首先我们要搞清楚的一个问题是，进化论是否对人的心理机制有影响？

　　人，是由生理和心理构成的一个有机整体，在生理方面人无疑是受着进化论制约的，所以说，进化论是现代生物学发展的基础。同样的，几百万年的进化在人类心理上也必然留下了一些痕迹。经过自然选择的过程，一些优质的心理机制能使人类更有可能生存和繁衍后代，使物种得以延续，而那些不适应环境挑战的物种则不能生存。所以说，人的心理机制也必然受到进化规律的制约。

　　其次，进化论心理学能否游走于心理学研究的各领域？

　　进化论心理学认为人的心理机制是长期进化选择的结果。进化是为了适应，几百万年的进化必然不会只在心理机制的一方面或两方面起作用，它的应用范围应该是最广的，心理学研究的各领域都可以部分地用进化论来解释。

　　解答完以上两个问题，我们就可以放心地寻找实例来说明进化论心理学在各领域的一些应用了。

　　——发展心理学

　　婴儿在发育到一定阶段后，母亲就会对其断奶，在这一过程中，母亲总是趋于早断奶，而婴儿却迟迟不愿断奶，以夸张的哭泣来要挟，使母亲产生怜悯之心，重新给他乳汁。用进化论来解释，这实际上是一种亲子冲突。进化论心理学认为，这种冲突从怀胎时已经开始，婴儿想从母亲身上得到尽可能多的资源，母亲与婴儿共有50%的基因，所以她当然会给，但是她给予婴儿的不会超过给予自己的。因为她与自己共有100%的基因。

——社会心理学

在社会认知偏见方面，进化论心理学也有着它独特的解释角度。

⚠ 虽然肤色不同，但心灵模式有所相同

为什么人的社会知觉会有一些偏见呢？研究进化方面的心理学家们认为，这是在社会知觉中很多有偏见的人类祖先适应环境的结果。比如，人们的社会知觉受外表吸引力的影响是因为女人的外表的吸引力与繁殖能力相关，而男人的繁殖能力则与健康、体力、物质资源的拥有量相关。

进化论心理学家们相信，我们之所以拥有将他人自动分类的能力是因为我们的远祖需要迅速地区分出一个人是朋友或是敌人。他们声称人类由于进化的需要，要很快地区分一个人是属于内集团——即一个人属于其中并与集团内成员相互认同的团体，还是属于外集团——即一个人不属于或不与集团里的其他成员相互认同的团体。这至关重要的分类构成了后来的社会知觉。

9 进化论与心理学（下）

——生物心理学

生物心理学认为人的一切情感和认知乃至做出的反应都是由于自身的"硬件"（遗传基因或者大脑的构造）决定的。英国生物学家约翰·曼宁发现食指和无名指的长度比例与胎儿时期获得的荷尔蒙的多少有相关。经过统计，男性中这一平均值为0.96，而女性为1。比例越小，越具有男性性格特征。进化论心理学家认为这与胎儿时期母体荷尔蒙的分泌相关。在前10个星期胎儿无性特征，但之后若为男孩，母亲会释放更多的男性荷尔蒙给胎儿，若为女孩，则会少些。

进化过程对于人的心理形成有多大的作用呢？　△

——认知心理学

认知心理学认为大脑有男性大脑和女性大脑之分。男性适于机械工作，空间能力也较强，而女性大脑在语言、人际交流能力方面较强。进化心理学可以解释这种区别，它认为男女大脑的差异与长期以来的进化任务有关。长期以来，男子狩猎，所以需要较强的空间定向能力；女子主要负责采集，所以固定记忆能力较强。

——进化心理学

进化心理学认为，当代人类的大脑里装着一个有着漫长进化历史的心理，因此，过去是了解现在的钥匙。这里的"过去"不仅是指个体的成长史，更主要是指人类的种系进化史。人类祖先99%的进化历史发生在更新世的狩猎——采集时代。这种漫长的进化过程给我们的心理带来了长久的历史积淀。当今人类的心理中，仍然带有漫长的历史所留下的痕迹。今天的每一个活着的人都是进化的产物，他们作为"活化石"，能帮助我们了解祖先的过去。

进化心理学认为人脑能够很好地解决其祖先在非洲大草原时期遇到的问题，而不是当今社会或现代城市中遇到的熟悉的任务。例如，人类学习对蛇的恐惧比学习对电的恐惧更容易，尽管电比蛇在当今社会对人来说更危险；人类很容易觉察人际交往中的欺骗，但很难觉察形式逻辑中的"差误"。进化论心理学家相信，当人们面临类似祖先时代的问题时，认知的错误与偏见就会大大减少。

——人格心理学

一些心理学家认为导致焦虑的原因是社会排斥。研究者指出，所有人都有从属于某群体或加入某种关系的迫切需要。因此，当我们被社会群体排斥或拒绝时，我们会十分沮丧。用进化论心理学来解释，群居在一个原始部落里的原始人比独居的原始人更容易生存并繁殖后代。独居的人比生活在群体或部落里的人更容易受伤害、生病、缺少避身之所，并更少有机会寻求配偶和繁衍后代。因此，被社会排斥会导致焦虑的情绪。

除了以上几种心理学研究的主要领域，像精神分析、行为主义等也都可以部分地运用进化论心理学来解释。

10 进化经济学

1982年，纳尔逊和温特合著的《经济变迁的演化理论》如一石激起千层浪，在金融界引起强烈的关注，吸引了一批主流与非主流的经济学家开始用进化论的新成就来分析经济体系的运动，并形成了进化论经济学。

◁ 著名经济学家霍奇逊

国际著名制度经济学家和演化经济学家霍奇逊将经济学进化论作了类似生物学的分类：

（1）发育型。最具代表性的是马克思对历史运动的研究，他将历史从低级到高级划分了五个阶段：原始社会、奴隶社会、封建社会、资本主义社会、社会主义社会最后到达共产主义社会。这种进化的阶段论就像生物按照某种规律生长发育一样，不可避免地通过不同阶段，一步一步地最后必然到达一个无阶级的平衡状态。但这不是达尔文意义上的进化，达尔文认为，进化的结果是不可能预知的，未来社会变化的性质和形式不可能确定，进化不具有任何预先决定的目标。许多社会学家和人类学家的进化观都是发育。

（2）基因型。这是根据基因来解释经济进化，基因不仅是指生物基因，还指人的习惯、个体的人、组织规则、社会制度甚至可以是整个经济系统。

基因型又细分为：个体进化和系统进化。

个体进化是研究一个特定的有机体，如何从一套给定的、不变的基因发展而来。大部分的方法论个人主义的研究是个体进化，如英国哲学家、经济学家亚当·斯密是以性格、动机和情操都假设不变的个体经济活动者为出发点，来分析一个经济体系的发展，这些个体可被视为社会基因。在这些不变基因的基础上，斯密分析的结论是经济的运行是非蓄意的"看不见的手"作用的结果。

系统进化是研究一个群种如何不断进行的进化，其中组成部分和基因群都在变化。如英国人口学家马尔萨斯的进化分析的主体是一个总群种，由于个体组成的基因库（人口）是在不断变化的，一些个体得以繁殖并繁荣，而另一些个体却并没有那么幸运。美国制度经济学鼻祖凡勃伦将具有惰性的习惯、本能和常规视为基因，认为进化是积累因果的过程，其中所有的成分都在改变。他反对进化可以达到最高点和最终阶段，他认为进化是盲目的，没有最终也没有完美，这与马尔萨斯的看法非常接近。而英国经济学家哈耶克认为经济体系进化的最后是达到完美的境界，即"自发秩序"。20世纪80年代后的经济学进化论更多表现的是系统发育，如纳尔逊和温特对企业在市场中生存、进化过程的研究。

将进化论运用于经济学，使我们不仅关心短期的边际调整也注重长期的发展，不仅关心数量的变化也注重质量的变化，不仅关心平衡状态也注重非平衡状态。

在进化经济学内部，关于进化是否导致最优结果和进化的效率问题的争论十分激烈。在可以预见的将来，谁也说服不了谁，争论不会停息，但进化经济学本身会在争吵中不断进化。

11
胡适与文学进化论

胡适是中国近代史上著名的文学大师，在接触了达尔文进化论后，运用生物进化的基本原理来审视中国文学的发展，指出文学"随时代而变迁"，所以"一时代有一时代之文学"。

◁ 一代大师胡适

胡适的文学进化论是文学革命的核心思想。他在留美不久就认识到："今日吾国之急需，不在新奇之学说，高深之哲理，而在所以求学论事观物经国之术。以吾所见言之，有三术焉，皆起死之神丹也：一曰归纳的理论，二曰历史的眼光，三曰进化的观念。"

"历史的眼光"实为一种观察历史的立足点，站在历史的某一阶段往前看某一制度、学说所发生的原因，往后看它所产生的效果。这种"历史的眼光"是古来有之的传统。而"进化的观念"最初是江南制造局翻译的科学教材无意中传播进中国的，从此"进化的态度"成为民初知识分子中普遍存在的观念。单独而言，胡适所言"历史的眼光""进化的观念"无独特之处。胡适的新颖独创之处是用"进化的观念"来擦亮"历史的眼光"，使这种眼光既是"历史"的又是"进化"的，并构建文学的进化论，胡适自称为"文学的历史进化论"。

胡适文学进化论的思想根源是达尔文的进化论，思想基础是以实验主义为基石的自由思想，理论逻辑是"文学者，随时代而变迁者也。一时代有一时代之文学"。突出文学随着时代的进步而紧随时代的步伐，不同的时代必定有与时代相适应的文学，并且强调指出："以今世历史进化的眼光观之，则白话文学之为中国文学之正宗，又为将来文学必用之利器，可断言也。"

胡适从文学进化论的立场出发，强调 "今世白话"是人们的日常生活交流工具，是文言的进化，必定优于文言。文学革命就是人力促进中国文学的加速进化，使文言文学进化为以白话为语言工具的白话文学。并且强调白话文学替代文言文学是文学的必然进化，"白话文学"必定进化为"中国文学之正则"。他的这一论断奠定了白话文学正宗的合法地位。

在1915年6月6日的留美日记中，胡适提出："词乃诗之进化。"这是第一次运用进化论思考中国文学的发展变化。1916年，胡适撰写文章，认为："文学革命，在吾国史上非创见也。即以韵文而论：《三百篇》变而为《骚》，一大革命也。又变为五言，七言，古诗，二大革命也。赋之变为无韵之骈文，三大革命也。古诗之变为律诗，四大革命也。诗之变为词，五大革命也。词之变为曲，剧本，六大革命也。"

胡适的所谓"革命"其实就是进化。胡适指出中国文学体裁的"六大革命"实质就是中国文学体裁有过六次进化，把文学革命解释为文学的进化。这是胡适首次运用文学进化论描述中国文学兴衰存亡的发展变迁。胡适因此提出用白话文学替代文言文学的文学革命主张，把文学革命完全建立在文学的进化论上。

12
进化算法

进化并不局限于生物系统中，应用进化来解决问题所得的好处也不限于生物学。早在1966年，就有科学家提出，将进化理论应用到计算机编程中。他们的目标很宏伟——"通过复制特定的进化片段，我们会发现生产具有人工智能的机器人的办法……用从前没有发现过的方法来解决问题。"这就是进化计算。

进化计算的很多概念和语言都来自于生物学：比特就相当于"位点"，解决问题的潜在方案被称作"个体""染色体"或者"基因组"，它们经"突变"和"重组"而改变。各种解决方案的集合被称为"种群"；如果施加一定的"适合度"，它们就会经受"选择"的作用。最佳方案被选作下一代的亲本，它们通过变异和重组来"繁衍"新的经受选择的种群，如此循环往复。

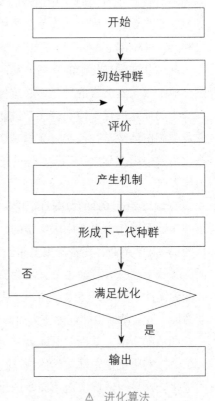

△ 进化算法

和研究生物系统的进化一样，进化计算领域的研究也利用模型系统。这时的模型是要解决的问题，比如"旅行推销员问题"：如何确定一个推销员在大量城市之间所走的最短路程。另一个有趣的模型问题是

"重复的囚徒困境",它要求决定在一系列的对抗中何时应该合作,何时进行背叛。

虽然进化算法原则上可以应用于任何计算问题,但它们最适合去解决那些其他已知方法不能有效解决的难题。因为进化计算采用的是随机近似算法,所以它与生物进化一样,不一定能找到最佳答案。对于有很多潜在答案的问题,比如在"旅行推销员问题"中,通过N座城市的可能途径有N个,这时进化计算就无法研究所有可能的方案。

生物学问题对于进化计算而言是自然而然的。一方面,这种方法可用于构建解决难题的工具,比如预测蛋白质或者RNA折叠,推断系统发育,或者对齐DNA或蛋白质序列;另一方面,它还可以用来模拟复杂的生物系统,比如免疫系统,生态系统,或者细胞等。

进化算法已经应用于一些很实用的问题上,例如编排复杂的时刻表。在这些情况下,可能别的方法也能很好或者更好地解决,但其灵活性和速度往往稍逊一筹。进化算法也被应用到非线性过滤问题上,比如处理来自雷达、声呐和GPS卫星的信号。

进化了的程序往往比使用者创造的更强健,它们可以承受更多的破坏而不会全盘崩溃,这是与生物内稳态类似的一个性质。这种强健性的基础还不明确,但可以肯定的是,它不仅仅是由于存在冗余备份。不同的人造程序对于特定问题总是采取统一对策,而进化了的程序则不然。这种强健性以及进化程序的独一无二带来了一个潜在的重要用途,即容错能力。而且开发出能够在检测到失误时就发生进化以修复自身的程序也并非是不可能的事情。

13 新一代计算机芯片可由细胞制造吗?

来自美国加州大学圣巴巴拉分校和其他地区的研究人员已经掌握了能够用于产生新型半导体结构的酶的进化过程。

"它看起来像是自然选择,但我们做的其实是人工选择,"丹尼尔·莫尔斯在一次访谈中说,他是加州大学圣巴巴拉分校的荣誉教授。具体做法是让取自海绵动物的一种酶突变,形成多种突变体,"我们从百万种突变的DNA中选出能够制造半导体的一个"。

△ 计算机芯片

在此前一项研究中,莫尔斯和研究小组的其他成员曾经发现了硅蛋白——一种海绵动物用于构建它们的硅骨骼的天然酶。碰巧的是,这种矿物同样被用于制造半导体计算机芯片。"于是我们就发问:是否可以通过基因工程改变酶的结构,使之可以制造通常活生物体不会制造的其他矿物质和半导体?"莫尔斯说。

为了使之成为可能,研究人员分离出携带硅蛋白编码的海绵DNA片段并大量复制,然后在DNA中定向引入数百万种突变。在此过程中,偶尔会出现硅蛋白突变体,它们能够生成不同的半导体,而不是二氧化硅——这种工艺完全是自然选择的翻版,只不过所费时间更短,而且受到人工选择的定向干预,并非适者生存的结果。

为了弄清哪些硅蛋白DNA的突变形式能够产生所需的半导体,DNA需要通过一个细胞分子机器进行表达。"问题是,二氧化硅相对于活细胞并无害处,而我们想要生成的一些半导体则带有毒性,"莫尔斯说,

"因此我们不能使用活细胞，必须采
用合成的细胞替代物，"研究小组利
用塑料珠表面在水中形成的微小囊
泡，作为人工合成的细胞替代物。一
种不同形式的海绵动物DNA被涂在数
百万微珠表面，浸在水里，水里则添
加了DNA酶表达所需的化学物质。

接下来，塑料珠"细胞"被封
闭在油里，作为人工制作的细胞膜，
然后被置于一种溶剂中，其中含有变

△ 海绵动物

异酶开始在塑料珠表面合成半导体矿物质过程中所需的化学物质（硅和
钛）。

然后便是等待一段时间，让酶完成材料的制造工作，然后使塑料
珠穿过激光束，激光束旁边的感应器会自动识别出那些携带所需半导体
（二氧化硅或二氧化钛）的塑料珠。随后，成功的微珠——表面成功合
成了这些半导体的那些微珠——被破碎，以便发生突变的DNA可被分离
并确认其效能。

各种形态的二氧化硅如今被用于计算机芯片的生产，而二氧化钛
则用于制造太阳能电池。利用生物酶和定向进化制造这些材料是首要
的选择。

当然，上述成果并不意味着研究人员已经可以让细胞自行制造计算
机芯片，但它的确预示着以新工艺制造半导体的发展方向。

14

滥用进化论

　　在所有科学理论中，还没有哪一种像进化论那样处境尴尬，一方面被科学界普遍接受，另一方面在科学界之外却遭到众多反对。这主要是由于宗教因素，但也有一部分是出于对进化论的误解和滥用引起的反感。比如，有相当多的人反对达尔文进化论，其实是反对主张人类社会应该弱肉强食的社会达尔文主义。

　　这真是天大的误会。英国社会学家赫伯特·斯宾塞于1851年出版的《社会静态学》一书中就已系统地提出了其核心观念，此时距达尔文出版《物种起源》还有8年之久。当达尔文提出了自然选择学说，声名远播的时候，斯宾塞大为高兴，将之拉来作为自己观念的依据。但达尔文本人并不赞同斯宾塞的社会观。

△ 斯宾塞

　　斯宾塞主义的主要观点是：个人而非集体才是进化的基本单位，自然选择产生的进化不仅表现在生物学，而且也发生在社会领域；人，特别是男性必须为了在未来能够生存而竞争；穷人，是生存竞争中的"不适者"，不应予以帮助，他们必须要养活自己；在生存竞争中，财富是成功的标志。

　　斯宾塞主义为后来盛行的种族主义提供了理论依据，有学者称之为"社会达尔文主义"，这就让达尔文为斯宾塞背了黑锅。

　　对达尔文生物学观点的另外一种社会解读是所谓优生学，该理论由达尔文的表弟弗朗西斯·高尔顿发展起来。高尔顿认为，人的生理特征明显地世代相传，因此，人的脑力品质（天才和天赋）也是如此。那么，社会应该对遗传有一个清醒的决定，即避免"不适"人群的过量繁殖以及"适应"人群的不足繁殖。

高尔顿认为，诸如社会福利院之类的社会机构允许"劣等"人生存并且让他们的增长水平超过了社会中的"优等"人，如果这种情况不得到纠正的话，社会将被"劣等"人所充斥。

◁　希特勒支持的其实是斯宾塞主义

在德国，恩斯特·海克尔于1899年出版《宇宙之谜》，将斯宾塞主义介绍给了德国人。希特勒执掌德国政权之后，动用国家强力机构，将斯宾塞主义和高尔顿的优生学相结合，"雅利安人是世界上最优秀的民族"，疯狂地屠杀"劣等民族"犹太人等，都是这种结合的实践。随着纳粹的垮台，斯宾塞主义也臭名昭著，而且随着生物学知识和文化现象知识的不断丰富，人们足以驳斥斯宾塞主义的基本信条。

生物学理论并非总能推广、应用于人类社会。现代进化论也告诉我们，生物之间的竞争并非总是你死我活、弱肉强食，在许多情况下，和平共处、相互合作是更为稳定、更为适宜的策略，因此斯宾塞主义并无科学的依据，从根本上就误解、歪曲和滥用了达尔文进化论。但为了反对斯宾塞主义，却去否定达尔文进化论，也是极为错误的做法。

后记
未来的进化论

虽然经常有媒体报道，说达尔文进化论遭到质疑了，说达尔文进化论被推翻了，事实上，自进化论诞生以来，一直遭到质疑，也多次有人宣布推翻了进化论，进化论却在质疑和推翻声中，不断修正自己，不断完善自己。今天的进化论，依然是世界上用来解释生物出现与演化的最好的学说。

有几点需要强调：

其一，任何科学理论都是时代的产物，都有着深深的时代烙印，因此，任何科学理论都不可能一蹴而就，都有其历史局限性，都需要有一个发生与发展的过程。进化论也不例外。

其二，任何科学理论都是可以质疑的，进化论也不例外。但质疑必须建立在事实与合理的推测之上，而不是歪曲事实、断章取义、虚构学说和不着边际的谩骂。

其三，今天的进化论与达尔文进化论已经有很大的不同，达尔文的某些错误观点已经得到修正。现在靠攻击达尔文的某些错误观点来否定进化论，只能被人认为是不了解最新科学动态的老古董，惹人耻笑。

其四，科学界内部，对于进化论还存在很多的争议。但这些争议不是争议进化是否存在，而是争议进化论的具体内容。稍微了解一点儿科技史的人都会知道，争议才是科技进步的重要动力。没有争议，死水一潭，科学与技术根本不会进步。因此，拿科学家内部的争议来否定进化论，完全是痴人说梦。

那么，进化论的未来又会如何呢？

之所以进化论引发了那么多的争议，是因为进化论将人还原成了动物，很多人在心理上接受不了这样的观点，宗教信徒更是认为进化论亵渎了神圣的不可置疑的上帝，将《物种起源》称为"魔王的圣经"，拼了命地攻击进化论。因此，在可以预见的将来，对于进化论的质疑还将继续下去，时不时地会有人跳出来说进化论被推翻了。

与此同时，更多的事实和理论加入到支持进化论的行列，使得进化论更为完备，其历史地位也必将更加巩固。推出具有信息时代特征的生物进化理论和包括无机界与人类社会的广义进化理论，是当代进化论学者的重要使命。

如果对进化论感兴趣，你也可能为进化论添砖加瓦，成为完善进化论的那个人。

本书《进化论进化着》将进化论分成若干知识点，受篇幅和体例的限制，对于博大精深的进化论，只能是蜻蜓点水。想要更深入地了解进化论，请阅读更为专业的书籍。本书的写作过程中，也是参考了诸多专业书籍，在此表示感谢：

《进化！进化？——达尔文背后的战争》，作者：史钧，辽宁教育出版社。

《自私的基因》，作者：理查德·道金斯，中信出版社。

《达尔文》，作者：左刚强，中国地质大学出版社。

《自达尔文以来》，作者：古尔德，海南出版社。

《社会生物学：新的综合》，作者：威尔逊，北京理工大学出版社。

《物种起源》，作者：查尔斯·达尔文，重庆出版社。

《第一科学视野：生命与进化》，作者：《环球科学》杂志社，电子工业出版社。

《生命简史》，作者：理查德·福提，中央编译出版社。

《演化：跨越40亿年的生命记录》，作者：卡尔·齐默，上海人民出版社。

《地球上最伟大的表演：进化的证据》，作者：理查德·道金斯，中信出版社。

《为什么要相信达尔文》，作者：杰里·A.科因，科学出版社。

感谢上述书籍的作者以及译者和出版社。我长期订阅的三种杂志：《大自然探索》（http://zira.qikan.com/）《环球科学》（http://www.huanqiukexue.com/）和《科幻世界》（http://www.sfw.com.cn/）对我的写作也有很大帮助。

此外，如下网站也对我的写作贡献良多：

果壳网（http://www.guokr.com/）

科学松鼠会（http://songshuhui.net/）

科技中国（http://www.techcn.com.cn/）

译言网（http://www.yeeyan.org/）

东西文库（http://dongxi.net/）

我最该感谢的还有那些日日夜夜在野外考察、在实验室研究、在大脑里冥想的科学家，是他们的观察、研究和发明彻底改变了我们的生活，甚至改变了我们自己。作为科学的受益者，我衷心感谢他们。

艾星雨